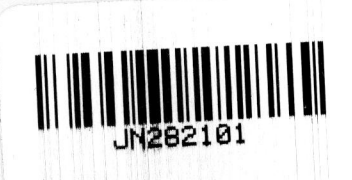

天気の自由研究

実験《じっけん》と観察《かんさつ》でわかる
天気《てんき》のしくみ

永岡書店

はじめに

　天気《てんき》はとても身近《みぢか》な現象《げんしょう》です。みなさんの生活《せいかつ》も、天気《てんき》に左右《さゆう》されることがよくあるでしょう。気《き》まぐれと思《おも》われるような天気《てんき》もありますが、天気《てんき》は気象《きしょう》という大気《たいき》の現象《げんしょう》によって起《お》こりますから、そのしくみを理解《りかい》し、予報《よほう》することができます。

　この本《ほん》で説明《せつめい》されていることを、実際《じっさい》の空《そら》でも確認《かくにん》してみてください。よく観察《かんさつ》すると、さまざまな現象《げんしょう》を実際《じっさい》に見《み》ることができ、だんだんその理由《りゆう》がわかってきて、天気《てんき》を知《し》ることがますますおもしろくなります。

　広《ひろ》い空《そら》に見《み》える大《おお》きな低《ひく》い雲《くも》は、料理《りょうり》から出《で》る湯気《ゆげ》をつくる小《ち》さな水滴《すいてき》と同《おな》じ粒《つぶ》からできています。高《たか》い空《そら》の明《あか》るい雲《くも》は、冷《れい》とう庫《こ》の中《なか》でつくることのできるダイヤモンドダストの粒《つぶ》のような、小《ち》さな氷《こおり》からできています。実験《じっけん》で見《み》られる水《みず》の動《うご》きと同《おな》じようなことが、空《そら》にも起《お》こっているのです。

　この本《ほん》には、そうした現象《げんしょう》を理解《りかい》するのに役立《やくだ》つ、かんたんにできる実験《じっけん》をたくさんのせました。実験《じっけん》を体験《たいけん》することによって、天気《てんき》のことがもっとわかるようになるでしょう。また、著者自《ちょしゃみずか》らが撮影《さつえい》したわかりやすい写真《しゃしん》を大《おお》きくのせ、観察《かんさつ》や実験《じっけん》のポイントをかんたんに説明《せつめい》しています。

　子《こ》どもだけでかんたんにできる実験《じっけん》もあれば、観察《かんさつ》したくてもなかなか出《で》会《あ》えない空《そら》の現象《げんしょう》もあります。しかし、どこにでも誰《だれ》にとっても空《そら》は身近《みぢか》にあるものです。興味《きょうみ》と関心《かんしん》をもっていれば、いつか感動的《かんどうてき》な現象《げんしょう》を見《み》ることができるでしょう。空《そら》の現象《げんしょう》に同《おな》じものはありません。好奇心《こうきしん》をもって、たくさんの天気《てんき》を知《し》り、その知識《ちしき》を生活《せいかつ》にいかしてほしいと思《おも》います。

武田《たけだ》　康男《やすお》

もくじ

天気《てんき》について、たくさんの楽《たの》しいことや不思議《ふしぎ》なことに出会《であ》えるよ。

にゅうどう雲《くも》をつくろう

雪《ゆき》の結《けっ》しょうをつくろう

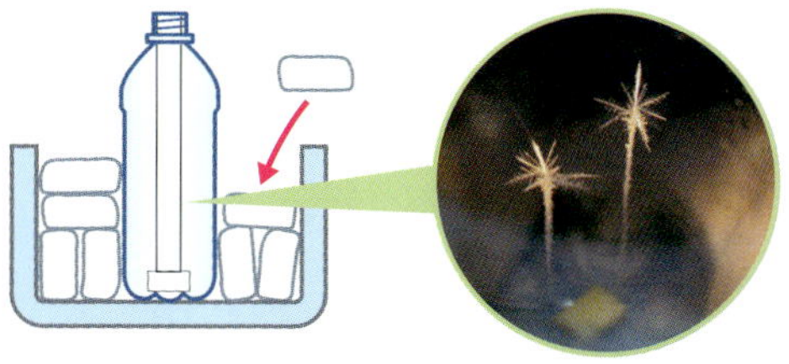

第《だい》3章《しょう》 風《かぜ》を知《し》ろう

風向《ふうこう》と風力《ふうりょく》を調《しら》べよう

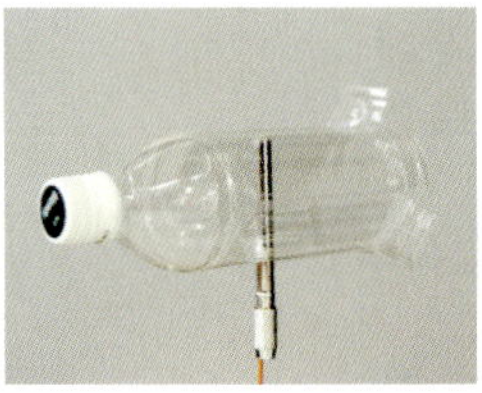
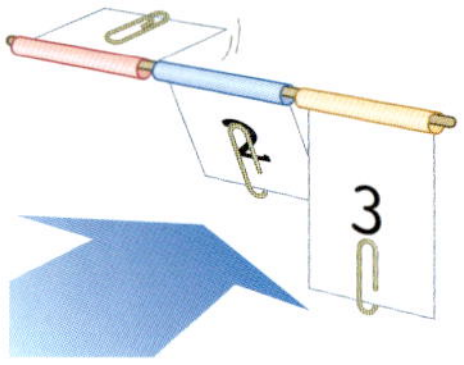

第《だい》4章《しょう》 気温《きおん》・湿度《しつど》・気圧《きあつ》を測《はか》ろう

気温《きおん》や気圧《きあつ》を測《はか》ろう

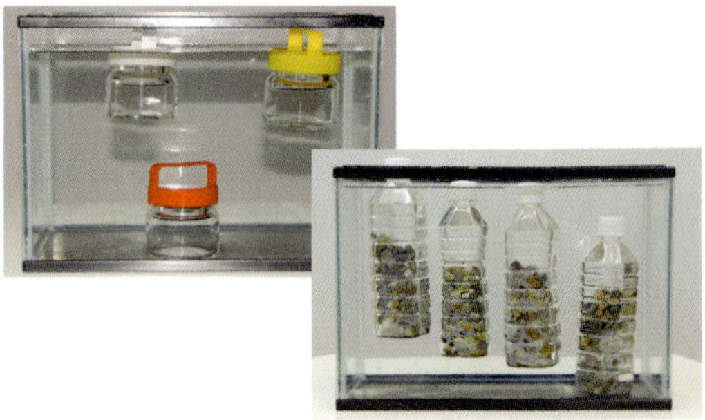

第《だい》5章《しょう》 空《そら》の色《いろ》や光《ひかり》を考《かんが》えよう

夕日《ゆうひ》をつくってみよう

第《だい》6章《しょう》 天気図《てんきず》と天気予報《てんきよほう》を学《まな》ぼう

天気図《てんきず》にチャレンジしよう

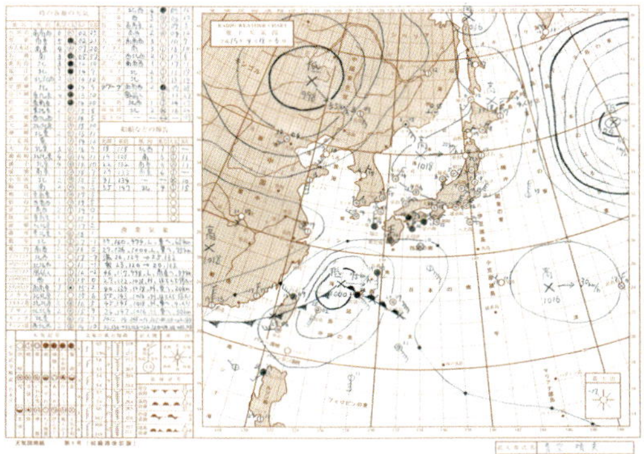

第《だい》7章《しょう》 インターネットを活用《かつよう》しよう

天気《てんき》についてインターネットで調《しら》べよう

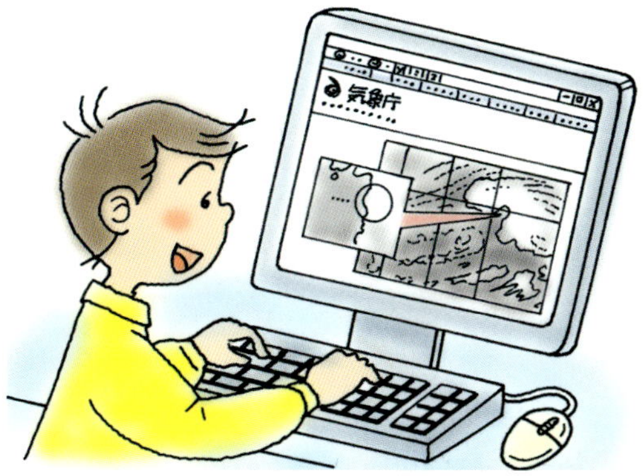

実験《じっけん》や観察《かんさつ》を通《とお》して天気《てんき》のいろいろなことがわかるよ。
みんなも実際《じっさい》にチャレンジしてみてね。楽《たの》しい発見《はっけん》がいっぱいだよ。

自《じ》由《ゆう》研《けん》究《きゅう》の調《しら》べかた・まとめかた

テーマをしっかり決《き》めてから調《しら》べましょう。
実験《じっけん》や観察《かんさつ》で感《かん》じた疑問点《ぎもんてん》やしくみも調《しら》べてみよう。

天気《てんき》の調《しら》べかた

図書館《としょかん》やインターネットには、天気《てんき》に関《かん》する資料《しりょう》がたくさんあります。
天気《てんき》の深《ふか》い知識《ちしき》は本《ほん》で、現在《げんざい》の天気《てんき》のさまざまな情報《じょうほう》は
インターネットで見《み》ることができます。

図書館《としょかん》で調《しら》べる

図書館《としょかん》では、子《こ》ども向《む》けの本《ほん》を集《あつ》めたコーナーを利用《りよう》するとよいでしょう。
また、えつ覧室《らんしつ》を使《つか》えば、資料《しりょう》をゆっくり見《み》ることができます。

1 天気《てんき》について幅広《はばひろ》くカバーしている本《ほん》や事典《じてん》で、知《し》りたいテーマのキーワードを調《しら》べる。

2 調《しら》べた内容《ないよう》を書《か》き取《と》ったり、コピーをとる。文章《ぶんしょう》だけでなく、図《ず》や表《ひょう》なども写《うつ》しておくとよい。

3 わからないことを調《しら》べたり、よりくわしく知《し》りたい場合《ばあい》は、ほかの本《ほん》を探《さが》す。検《けん》さく機《き》で調《しら》べたり、図書館《としょかん》の人《ひと》に聞《き》くと見《み》つけやすい。

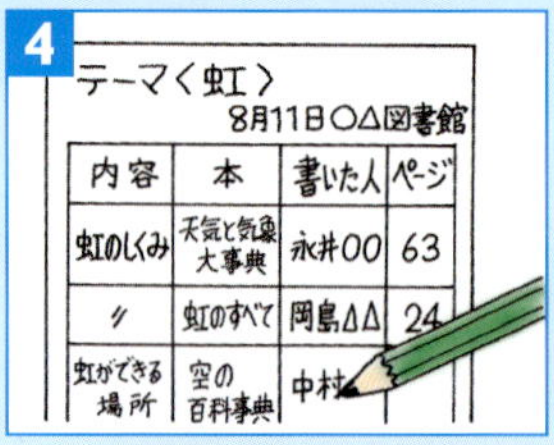

4 調《しら》べた本《ほん》や書《か》いた人《ひと》の名前《なまえ》をリストにする。知《し》りたい内容《ないよう》が書《か》いてあった本《ほん》のページ数《すう》も記録《きろく》しておくと、あとで調《しら》べるときに役立《やくだ》つ。

図書館《としょかん》で読《よ》み切《き》れなかった本《ほん》は借《か》りるとよいでしょう。貸《か》し出《だ》していない本《ほん》はコピーをとりましょう。

インターネットで調《しら》べる

天気《てんき》や気象《きしょう》に関《かん》するホームページはたくさんあります。その中《なか》から知《し》りたい情報《じょうほう》を見《み》つけ出《だ》すのは難《むずか》しいので、検《けん》さくエンジンを利用《りよう》するとよいでしょう。

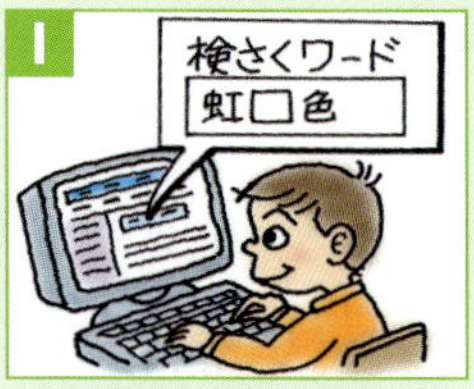

1 知《し》りたいテーマのキーワードを、検《けん》さくエンジンで検《けん》さく。検《けん》さく件数《けんすう》が多《おお》い場合《ばあい》は、いくつかのキーワードを入力《にゅうりょく》してみる。

2 インターネットにある情報《じょうほう》がすべて正《ただ》しいとは限《かぎ》らないので、気象庁《きしょうちょう》などの公式《こうしき》なホームページを見《み》るようにする (→P.118～119)。

テレビ・新聞《しんぶん》を毎日《まいにち》チェック

日《ひ》ごろから天気《てんき》について興味《きょうみ》をもつことが大切《たいせつ》です。テレビや新聞《しんぶん》などの天気予報《てんきよほう》では、衛星画像《えいせいがぞう》や天気《てんき》図《ず》などを見《み》ることができます。解説《かいせつ》を毎日《まいにち》見《み》ることで、天気《てんき》についての多《おお》くの知識《ちしき》が身《み》につくでしょう。

解説《かいせつ》に使《つか》われる専門用語《せんもんようご》や、むかしから使《つか》われている天気《てんき》や季節《きせつ》に関《かん》することばも覚《おぼ》えるとよいでしょう。

実験《じっけん》や観察《かんさつ》をするときのポイント

実験《じっけん》や観察《かんさつ》をするときは、その意図《いと》を考《かんが》えながら、安全《あんぜん》に注意《ちゅうい》しておこないましょう。

実験《じっけん》のポイント

天気《てんき》の現象《げんしょう》は、いろいろな条件《じょうけん》がとても複雑《ふくざつ》にからんで起《お》きています。実験《じっけん》では、その1つの見《み》かたを再現《さいげん》することになります。ですから、広《ひろ》い空《そら》に起《お》こっている天気《てんき》と、どこが似《に》ていてどこがちがうのか、よく考《かんが》えながら実験《じっけん》してみましょう。

実験《じっけん》では、いろいろな道具《どうぐ》や器具《きぐ》を使《つか》います。あやまった使《つか》いかたをすると、けがや事故《じこ》につながります。

ガラスの容《よう》器《き》や温度《おんど》計《けい》などはわらないように注意《ちゅうい》!

火《ひ》を使《つか》う実験《じっけん》では、まわりに燃《も》えやすい物《もの》を置《お》かないように。もしものときに備《そな》えて水《みず》を用意《ようい》しておく。

観察《かんさつ》のポイント

太陽《たいよう》の光《ひかり》は天気《てんき》の変化《へんか》に大《おお》きく影響《えいきょう》しますので、毎回太陽《まいかいたいよう》の当《あ》たりかたと時刻《じこく》は記《き》録《ろく》しましょう。気温《きおん》や風《かぜ》などの状《じょう》きょうもいっしょに記録《きろく》しましょう。

自然現象《しぜんげんしょう》である天気《てんき》の観察《かんさつ》は、見《み》たいときに見《み》ることができるわけではありません。観察《かんさつ》のチャンスをのがすと、次《つぎ》の機会《きかい》まで長《なが》い間《あいだ》待《ま》たなければならないことがあります。

何《なに》が観察《かんさつ》できるのかを気《き》にかけながら、毎日《まいにち》の天気《てんき》予報《よほう》をチェックする。

観察《かんさつ》にはカメラを必《かなら》ず用意《ようい》しよう。電池《でんち》やフィルムの準備《じゅんび》も忘《わす》れずに。

取材《しゅざい》のやりかた

本《ほん》を調《しら》べたり、実験《じっけん》や観察《かんさつ》をしてもわからなかったら、天気《てんき》の専門家《せんもんか》に聞《き》くとよいでしょう。直接会《ちょくせつあ》ったり電話《でんわ》をかけたりして、科学博物館《かがくはくぶつかん》や気象庁《きしょうちょう》の人《ひと》に質問《しつもん》します。

聞《き》きたいことをまとめて書《か》いておく。直《ちょく》接会《せつあ》える場合《ばあい》は、それをメモにして取《しゅ》材相手《ざいあいて》にわたしてもよい。

→

手紙《てがみ》や電話《でんわ》などで依《い》らいをする。相《あい》手《て》の都合《つごう》を聞《き》いてから、取材日時《しゅざいにちじ》を決《き》める。

→

話《はなし》を聞《き》いてメモを取《と》る。ボイスレコーダーがあるとよい。終《お》わったら必《かなら》ずお礼《れい》を言《い》うこと。

調《しら》べたことのまとめかた

テーマにそって必要《ひつよう》なことをわかりやすくまとめましょう。ほかの人《ひと》が見《み》ても理解《りかい》しやすいように工夫《くふう》することが大切《たいせつ》です。「調《しら》べたこと」「わかったこと」「解決《かいけつ》や理解《りかい》ができないこと」など、項目《こうもく》に分《わ》けるとよいでしょう。

●タイトル
研究《けんきゅう》の内容《ないよう》を短《みじか》くまとめたものにする。文字《もじ》に色《いろ》をつけたり、大《おお》きくして目立《めだ》たせる。

●目的《もくてき》
何《なに》に興味《きょうみ》をもち、何《なに》を知《し》りたくなったのかなど、実験《じっけん》や観察《かんさつ》のテーマを書《か》く。参考《さんこう》にした本《ほん》などがあればのせる。

●方法《ほうほう》
実験《じっけん》や観察《かんさつ》の手順《てじゅん》はイラストや写真《しゃしん》を使《つか》ってわかりやすく書《か》く。用意《ようい》するものと、工夫《くふう》したこともそれぞれまとめて示《しめ》す。

●結果《けっか》
実験《じっけん》や観察《かんさつ》の結果《けっか》を、写真《しゃしん》やイラストを使《つか》って示《しめ》す。表《ひょう》やグラフで説明《せつめい》してもよい。

ダイヤモンドダストをつくる実験

青空　晴夫

実験の目的

冬休みに北海道の親せきの家に遊びに行ったとき、とても冷えこんだ早朝、外に出てみたらキラキラと光るダイヤモンドダストを見た。そのできかたが気になってインターネットで調べると、人工的につくれることがわかった。実験を通して、ダイヤモンドダストのできかたを調べたい。

実験の方法

① 

冷とう庫の中に息をたくさん吹きこみ、霧のようなものたくさんつくる。

→

② 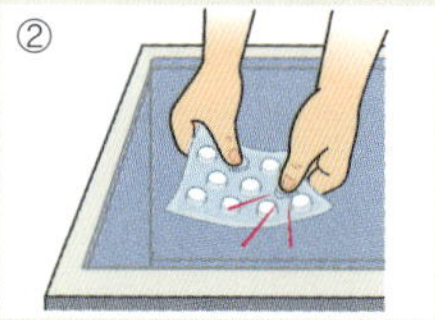

その霧の中で、気ほうシートを勢いよくわる。

用意するもの

・ふたが上についた冷とう庫
・気ほうシート
・懐中電灯

工夫点

ダイヤモンドダストがよく見えるように、冷とう庫の下に黒い紙をしき、部屋を暗くして懐中電灯の光を当てた。

実験の結果

キラキラとさまざまな色に光るダイヤモンドダストが広がっていった。よく見ると、霧の小さな粒から次々に小さな氷ができていく様子がわかった。

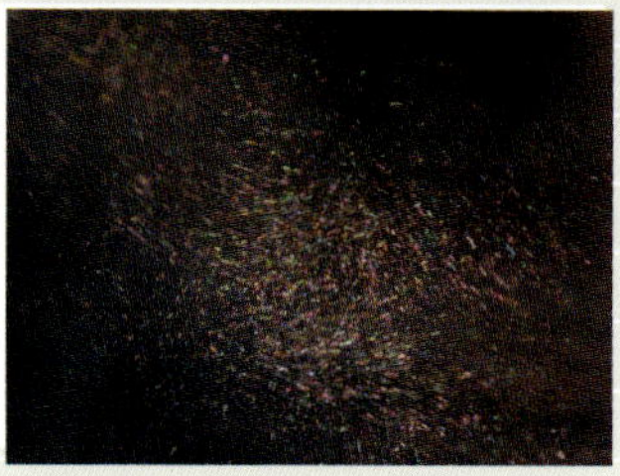

実験でわかったこと

ダイヤモンドダストは、霧などのこまかい水の粒からできたということがわかった。実験では、氷点下の中で音などのしょうげきによって霧がこおった。自然のダイヤモンドダストも、実験と同じように、水蒸気の多い場所で氷点下のときにできると思われる。

これから知りたいこと

懐中電灯の光に照らされて、さまざまな色にダイヤモンドダストが光っていた。なぜさまざまな色になるのだろうか。

「目的《もくてき》」「方法《ほうほう》」「結果《けっか》」「わかったこと」の順《じゅん》に並《なら》べれば、見《み》る人《ひと》にとって、とてもわかりやすくなるよ。

●わかったこと
実験《じっけん》や観察《かんさつ》の結果《けっか》からわかったことをまとめる。これをもとに、さらに知《し》りたいことや調《しら》べたいことを書《か》く。

第《だい》1章《しょう》 雲《くも》を見《み》よう

実験《じっけん》や観察《かんさつ》をして、雲《くも》のできるしくみや雲《くも》の見分《みわ》けかたをいっしょに勉強《べんきょう》しよう!
みんなは雲《くも》が何《なに》からできているのか知《し》っている?

1 雲《くも》は何《なに》からできている？

知《し》りたい 雲《くも》は何《なに》からできていて、どのようにつくられるのでしょう？ もくもくと大《おお》きく広《ひろ》がる雲《くも》やたくさん並《なら》んだ雲《くも》などは、どのようにしてできるのでしょうか？ また、雲《くも》の粒《つぶ》は目《め》に見《み》えるのでしょうか？

夏《なつ》の雲《くも》（千葉県《ちばけん》）

湖《みずうみ》からわく雲《くも》（北海道《ほっかいどう》）

雲《くも》ができるしくみ

雲《くも》は、空気中《くうきちゅう》の水蒸気《すいじょうき》が小《ちい》さな水滴《すいてき》や氷《こおり》の粒《つぶ》になったものです。水蒸気《すいじょうき》をたくさんふくんだ空気《くうき》が冷《ひ》えると雲《くも》ができます。空気中《くうきちゅう》にちりがあるときに、それがしんとなって雲《くも》ができやすくなります。また、暖《あたた》かい空気《くうき》の上昇《じょうしょう》のしかたによって、いろいろな形《かたち》の雲《くも》がつくられます。広《ひろ》くゆっくり上昇《じょうしょう》すると横《よこ》に広《ひろ》がった雲《くも》が、あるところで急《きゅう》に上昇《じょうしょう》するとたてにのびた雲《くも》になります。

実験《じっけん》してみよう 1　雲《くも》の粒《つぶ》を見《み》る実験《じっけん》

シャボン玉《だま》の中《なか》に、たくさんの小《ちい》さな水《みず》の粒《つぶ》が浮《う》かんで動《うご》いている様子《ようす》を見《み》ることができます。このときに見《み》える雲《くも》のようなものは、コップのお湯《ゆ》の表面《ひょうめん》から出《で》る水蒸気《すいじょうき》が冷《ひ》えて、水《みず》の粒《つぶ》になったものです。シャボン玉《だま》をわると雲《くも》が浮《う》かびます。

用意《ようい》するもの

- 大《おお》きめのコップ
- ストロー
- マッチ
- 湯《ゆ》(40～60℃程度《ていど》)
- 線香《せんこう》
- 懐中電灯《かいちゅうでんとう》
- 台所用中性洗剤《だいどころようちゅうせいせんざい》

1

大《おお》きめのコップにたっぷりと湯《ゆ》を入《い》れ、湯《ゆ》の表面《ひょうめん》に台所用中性洗剤《だいどころようちゅうせいせんざい》を2～3滴《てき》たらす。

2

表面近《ひょうめんちか》くにストローをさして軽《かる》く息《いき》を吹《ふ》きこみ、1つだけ大《おお》きなシャボン玉《だま》をつくる。

3

線香《せんこう》に火《ひ》をつけ、そのけむりをストローで少《すこ》し吸《す》い、シャボン玉《だま》の中《なか》に入《い》れる。

4

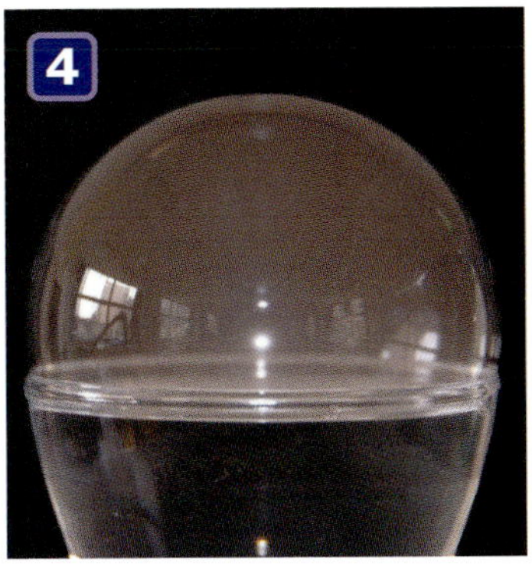

けむりがしんとなってたくさんの小《ちい》さな水滴《すいてき》ができ、シャボン玉《だま》の中《なか》が白《しろ》くにごる。

5

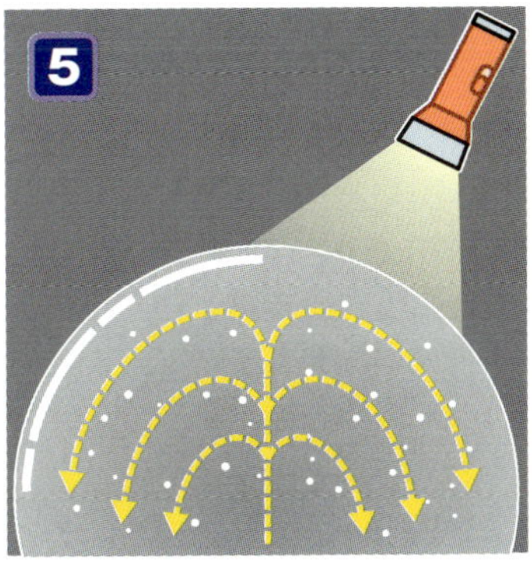

暗《くら》い部屋《へや》で懐中電灯《かいちゅうでんとう》を当《あ》ててよく見《み》ると、シャボン玉《だま》の中《なか》で小《ちい》さな粒《つぶ》が動《うご》いている様子《ようす》がわかる。

6

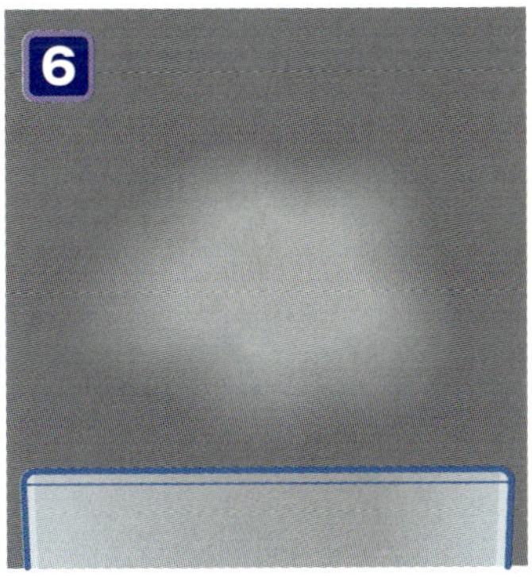

シャボン玉《だま》をわると、空中《くうちゅう》に雲《くも》のようなかたまりがわずかな時間《じかん》見《み》られる。

この実験《じっけん》でわかること

暖《あたた》かい空気《くうき》にふくまれる水蒸気《すいじょうき》から雲《くも》(小《ちい》さな水滴《すいてき》)ができること、線香《せんこう》のけむりのように小《ちい》さなちりがあると雲《くも》ができやすいことがわかります。雲《くも》の粒《つぶ》は目《め》で見《み》ることができ、空気《くうき》の動《うご》きとともに動《うご》いていることもわかります。

もっと調《しら》べてみよう

違《ちが》いを観察《かんさつ》しよう

コップの上《うえ》にシャボン玉《だま》を2つつくり、片方《かたほう》に線香《せんこう》のけむりを入《い》れて、雲《くも》ができる違《ちが》いを観察《かんさつ》できます。

実《じっ》験《けん》 してみよう 2　にゅうどう雲《ぐも》をつくろう

にゅうどう雲《ぐも》は、空気《くうき》が勢《いきよ》いよく上昇《じょうしょう》することでできます。暖《あたた》かいものが勢《いきお》いよくわきあがる現象《げんしょう》を、水《みず》の中《なか》で見《み》てみましょう。にゅうどう雲《ぐも》のようなものが次《つぎ》つぎと起《お》こります。

用《よう》意《い》するもの

- ビーカー　2個《こ》
- 電熱器《でんねつき》（または、ホットプレート）
- 水《みず》
- 塩《しお》
- 水彩絵《すいさいえ》の具《ぐ》
- ロート

1

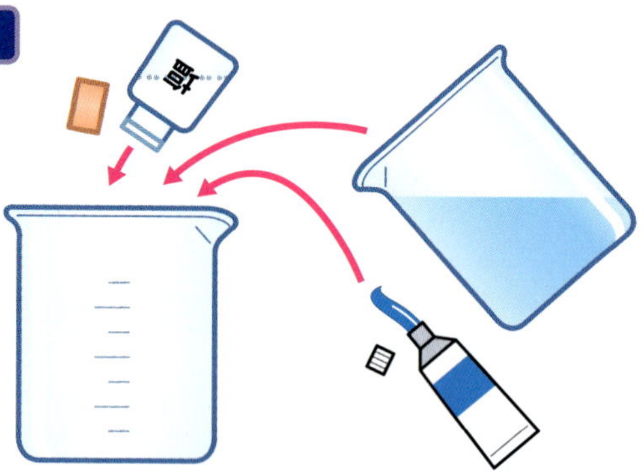

ビーカーに水《みず》を半分《はんぶん》ほど入《い》れ、塩《しお》を入《い》れてかき混《ま》ぜ、水彩絵《すいさいえ》の具《ぐ》で水《みず》を着色《ちゃくしょく》する。

2

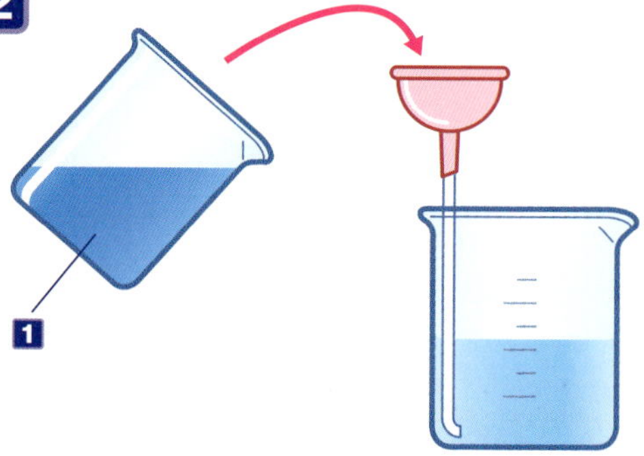

もう1つのビーカーに水《みず》を半分《はんぶん》ほど入《い》れ、その水《みず》の下《した》に **1** でつくった塩水《しおみず》をロートでていねいに入《い》れる。

3

2層《そう》になった状態《じょうたい》のビーカーの下《した》を、電熱器《でんねつき》またはホットプレートで温《あたた》める。

4

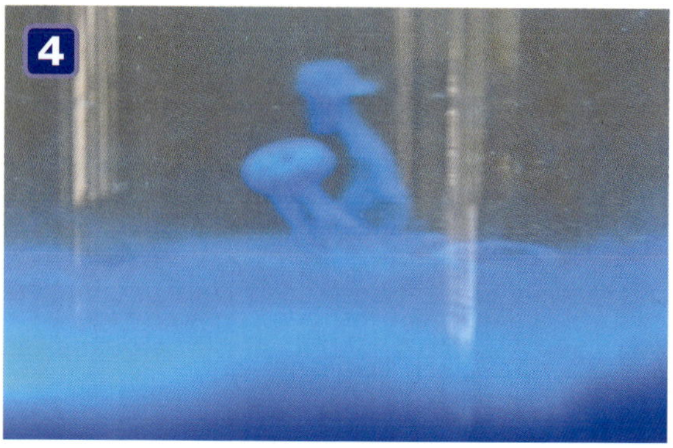

下《した》の塩水《しおみず》が上《うえ》の水《みず》にときどき入《はい》っていくときの、にゅうどう雲《ぐも》のような姿《すがた》を観察《かんさつ》する。

この実験《じっけん》でわかること

にゅうどう雲《ぐも》のような雲《くも》は暖《あたた》かい空気《くうき》がはげしく上昇《じょうしょう》するときにできますが、その様子《ようす》を水《みず》の中《なか》で再現《さいげん》しました。塩水《しおみず》の吹《ふ》きあがりがいくつも見《み》られ、その形《かたち》がいろいろあることが実際《じっさい》の雲《くも》に似《に》ています。最初《さいしょ》は吹《ふ》きあがりが戻《もど》ってしまいますが、下《した》が暖《あたた》まるほど上昇《じょうしょう》する勢《いきお》いが強《つよ》くなります。

もっと調《しら》べてみよう

実験《じっけん》の条件《じょうけん》を変《か》えてみよう

塩水《しおみず》の濃《こ》さや温《あたた》めかたを変《か》えると、吹《ふ》きあがりかたや形《かたち》が変《か》わります。この現象《げんしょう》は「プルーム」といい、気体《きたい》や液《えき》体《たい》の中《なか》で見《み》られます。地球内《ちきゅうない》部《ぶ》にもこのような流《なが》れがあり、「ホットプルーム」といいます。

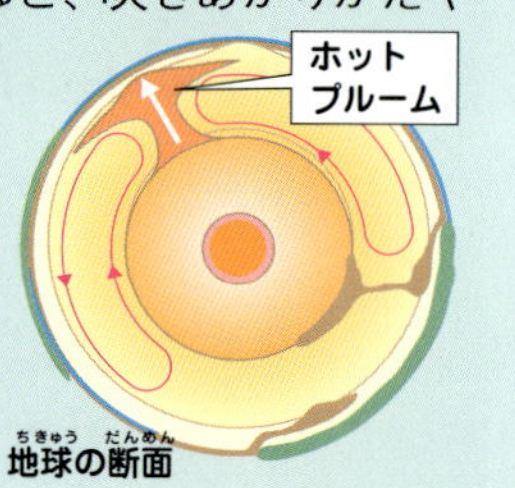

地球《ちきゅう》の断面《だんめん》

実《じっ》験《けん》してみよう 3　うろこ雲《ぐも》をつくろう

小《ち》さな雲《くも》がたくさん並《なら》んで浮《う》かんでいるのは、空《そら》に小《ち》さな熱《ねつ》の流《なが》れがいくつもできているからです。水《みず》を下《した》からゆっくり温《あたた》めると似《に》たような流《なが》れが見《み》られます。

用《よう》意《い》するもの

※小《ちい》さめの容器《ようき》は色《いろ》が濃《こ》いほうがよい。上面《じょうめん》をスプレーなどで黒《くろ》くぬってもよい。

- 底《そこ》が平《たい》らな浅《あさ》い大《おお》きめの容器《ようき》
- 底《そこ》が平《たい》らな浅《あさ》い小《ちい》さめの容器《ようき》
- 1～2cmの台《だい》　3～4個《こ》
- みそ
- 水《みず》
- 湯《ゆ》

1

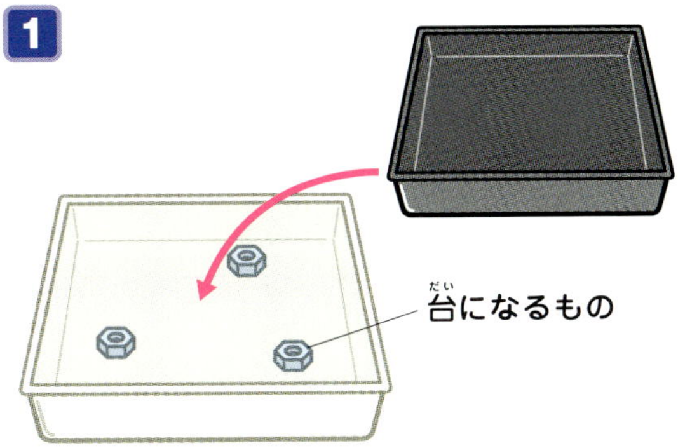

大《おお》きめの容器《ようき》の中《なか》に台《だい》を置《お》き、その上《うえ》に小《ちい》さめの容器《ようき》をのせる。

2

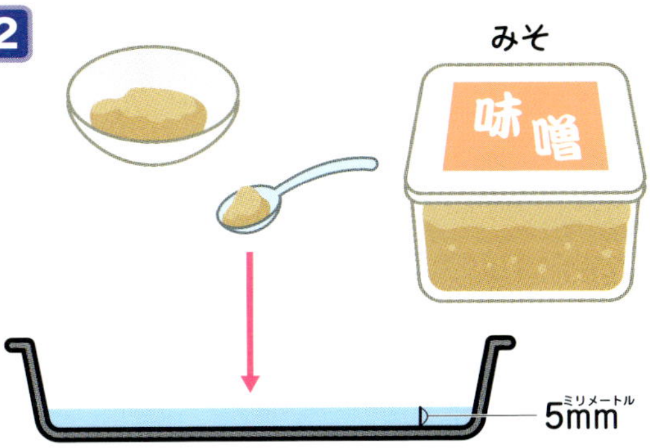

小《ちい》さめの容器《ようき》にみそを溶《と》かした水《みず》を5mm程度《ミリメートルていど》の高《たか》さまで入《い》れる。

3

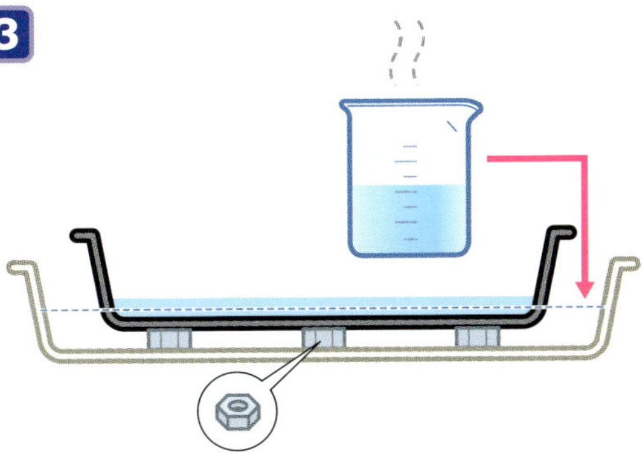

大《おお》きいほうの容器《ようき》に、小《ちい》さいほうの容器《ようき》の底面《ていめん》につくくらいの量《りょう》の湯《ゆ》を入《い》れる。湯《ゆ》の温度《おんど》は40～60℃程度《ていど》。

4

しばらくすると、みその粒《つぶ》が規則正《きそくただ》しくもようをつくるようになる。これは小《ちい》さいほうの容器《ようき》の中《なか》で水《みず》の小《ちい》さな流《なが》れ(対流《たいりゅう》)がたくさんできたことによる。

この実《じっ》験《けん》でわかること

空《そら》にたくさん並《なら》んで見《み》えるうろこ雲《ぐも》やひつじ雲《ぐも》ができる様子《ようす》が想像《そうぞう》できます。これは、安定《あんてい》した上下《じょうげ》の流《なが》れが規則正《きそくただ》しくできたためです。上《うえ》の水《みず》の厚《あつ》さや温度差《おんどさ》を変《か》えると流《なが》れの様子《ようす》が変化《へんか》し、小《ちい》さすぎると見《み》られず、ある大《おお》きさをこえると不安定《ふあんてい》になりますので注意《ちゅうい》してください。

POINT

細胞状対流《さいぼうじょうたいりゅう》(ベナール対流《たいりゅう》)

実験《じっけん》でできた対流《たいりゅう》は細胞状対流《さいぼうじょうたいりゅう》(ベナール対流《たいりゅう》)ともいい、空気《くうき》や水《みず》などが熱《ねつ》を運《はこ》ぶ現象《げんしょう》です。温度差《おんどさ》や厚《あつ》さが小《ちい》さいと流《なが》れが起《お》こらず、大《おお》きいと「プルーム」のような乱《みだ》れた流《なが》れになります。熱《ねつ》を一番運《いちばんはこ》ぶのは「プルーム」のような流《なが》れです。

2 雲《くも》の種類《しゅるい》はどのように見分《みわ》ければいい？

知《し》りたい 空《そら》にはいろいろな雲《くも》がありますが、どれくらいの種類《しゅるい》に分《わ》けられるのでしょうか？ 雲《くも》の見分《みわ》けかたはどのようにするのでしょうか？

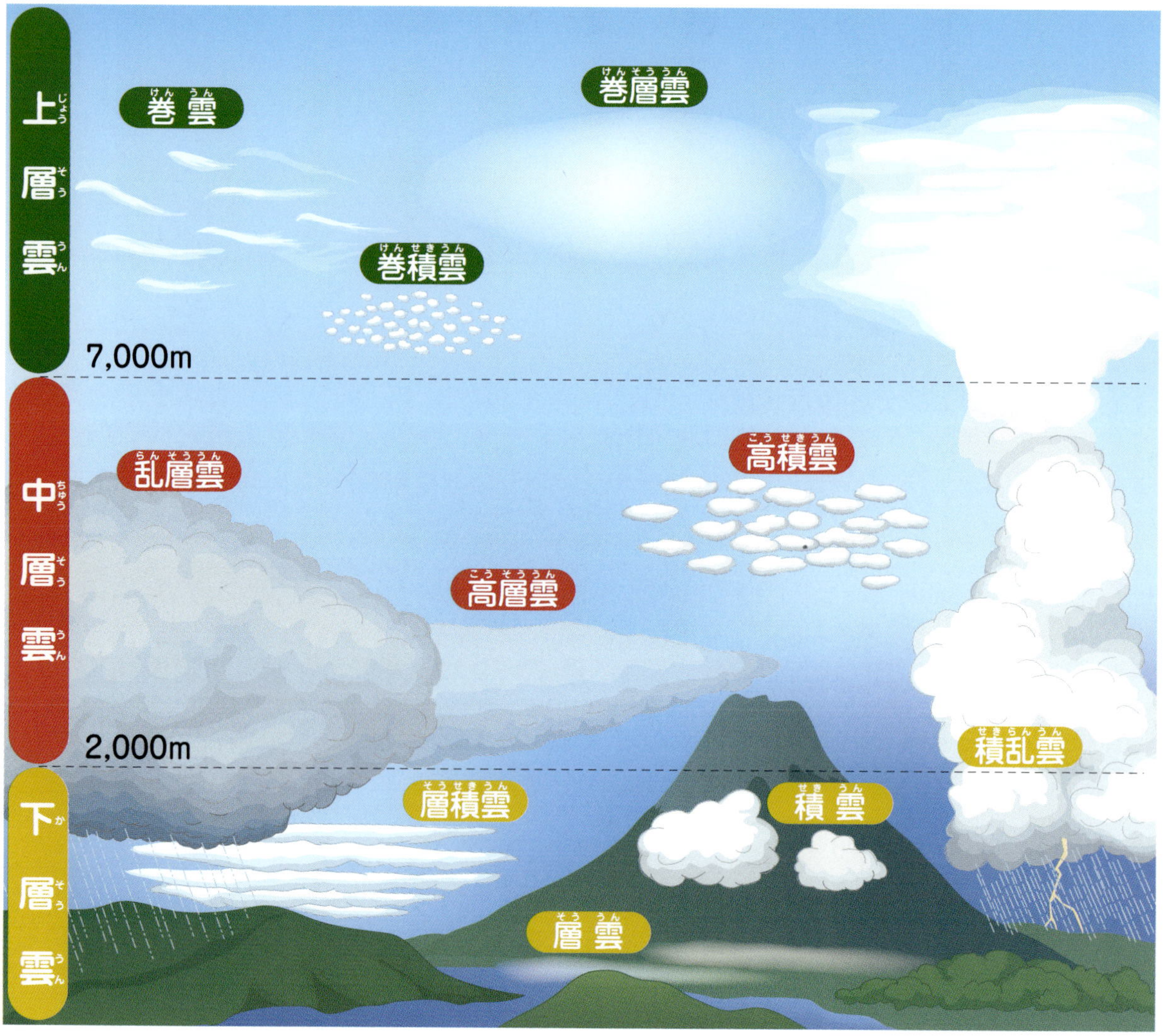

10種雲形《しゅうんけい》のできる高《たか》さ

10種類《しゅるい》の雲《くも》の見分《みわ》けかた

暖《あたた》かい空気《くうき》がのぼってできるふわふわとした積雲《せきうん》（わた雲《ぐも》、にゅうどう雲《ぐも》ともいう）と、それが高《たか》い空《そら》まで広《ひろ》がったもくもくとした積乱雲《せきらんうん》（にゅうどう雲《ぐも》、かみなり雲《ぐも》ともいう）がわかりやすいでしょう。それ以《い》外《がい》の雲《くも》は、高《たか》い空《そら》にできる雲《くも》（「巻《けん》」がつく雲《くも》）、中《ちゅう》くらいの空《そら》にできる雲《くも》（「高《こう》」や「乱《らん》」がつく雲《くも》）、低《ひく》い空《そら》にできる雲《くも》（「巻《けん》」や「高《こう》」や「乱《らん》」がつかない雲《くも》）の3つに分《わ》けられ、それぞれ、かたまりになっている雲《くも》（「積《せき》」がつく雲《くも》）と広《ひろ》く横《よこ》に広《ひろ》がっている雲《くも》（「層《そう》」がつく雲《くも》）に分類《ぶんるい》されます。また、それぞれに別《べつ》のよび名《な》があります。霧《きり》は雲《くも》の仲間《なかま》に入《はい》らないのですが、地表面《ちひょうめん》から離《はな》れると層雲《そううん》（きり雲《ぐも》）になります。

3層《そう》に分《わ》かれる雲《くも》の種類《しゅるい》

上層雲《じょうそううん》
巻雲《けんうん》(すじ雲《ぐも》) 低気圧《ていきあつ》や台風《たいふう》が近《ちか》づくとできやすい

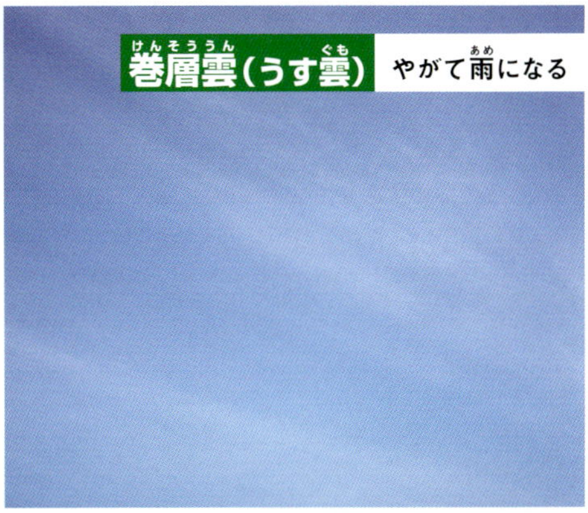
巻層雲《けんそううん》(うす雲《ぐも》) やがて雨《あめ》になる

巻積雲《けんせきうん》(うろこ雲《ぐも》、いわし雲《ぐも》、さば雲《ぐも》)
やがて天気《てんき》がくずれる

高《たか》い空《そら》(上層《じょうそう》)の雲《くも》は小《ちい》さな氷《こおり》でできた雲《くも》が多《おお》く、雲《くも》が明《あか》るく見《み》えます。はけのような雲《くも》(巻雲《けんうん》)やうすいベール状《じょう》の雲《くも》(巻層雲《けんそううん》)、そしてうろこのように小《ちい》さなかたまりがたくさん集《あつ》まった雲《くも》(巻積雲《けんせきうん》)に分《わ》けられます。

高層雲《こうそううん》(おぼろ雲《ぐも》) もうすぐ雨《あめ》になる

高積雲《こうせきうん》(ひつじ雲《ぐも》、まだら雲《ぐも》、むら雲《ぐも》)
中層雲《ちゅうそううん》
ほかの雲《くも》といっしょにできると雨《あめ》になる

乱層雲《らんそううん》(あま雲《ぐも》) しとしとと雨《あめ》が降《ふ》る

中《ちゅう》くらいの空《そら》(中層《ちゅうそう》)の雲《くも》は、やや大《おお》きな雲《くも》のかたまりが集《あつ》まったひつじの群《む》れのような雲《くも》(高積雲《こうせきうん》)や、太陽《たいよう》や月《つき》の形《かたち》をぼやかす灰色《はいいろ》の雲《くも》(高層雲《こうそううん》)、強《つよ》くない雨《あめ》をやや長《なが》い時間《じかん》降《ふ》らせる雲《くも》(乱層雲《らんそううん》)があります。

下層雲《かそううん》

低《ひく》い空《そら》の雲《くも》は、霧《きり》がのぼってできた雲《くも》（層雲《そううん》）や、かたまりが細《ほそ》長《なが》くつらなって広《ひろ》がった雲《くも》（層積雲《そうせきうん》）があります。積雲《せきうん》や積乱《せきらん》雲《うん》も低《ひく》い空《そら》から上《うえ》にのびるので下層《かそう》の雲《くも》に分類《ぶんるい》されています。

積乱雲《せきらんうん》（にゅうどう雲《ぐも》、かみなり雲《ぐも》）　雷雨《らいう》になる

層雲《そううん》（きり雲《ぐも》）　霧《きり》があがる

層積雲《そうせきうん》（くもり雲《ぐも》、うね雲《ぐも》）　雨《あめ》はほとんど降《ふ》らない

積雲《せきうん》（わた雲《ぐも》、にゅうどう雲《ぐも》）　発達《はったつ》するとにわか雨《あめ》が降《ふ》る

観《かん》察《さつ》してみよう　空《そら》を見《み》あげて雲《くも》を見《み》よう

雲《くも》を観察《かんさつ》し、形《かたち》を忘《わす》れないように写真《しゃしん》をとったり、スケッチをしましょう。そのとき水平《すいへい》の方向《ほうこう》がわかるように、遠《とお》くの景色《けしき》や地表物《ちひょうぶつ》を入《い》れるとよいでしょう。また、方角《ほうがく》や日時《にちじ》の記録《きろく》も忘《わす》れないようにします。

用意《ようい》するもの

- 時計《とけい》
- 方位磁針《ほういじしん》
- 筆記用具《ひっきようぐ》
- スケッチブック または カメラ

雲《くも》の観察《かんさつ》

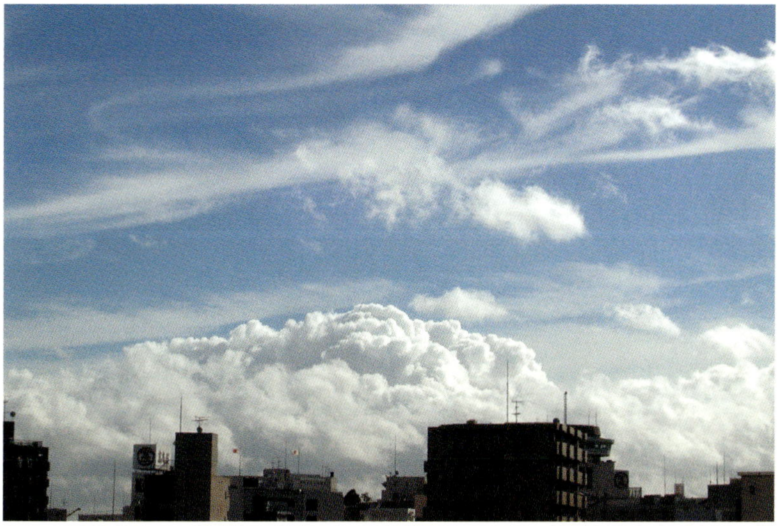

東の方角　　2005年9月7日　8時10分　千葉県柏市

台風に向かって南（右）から次々と大きな雲（積雲）がやってきました。また、高い空には台風から吹き出した雲（巻雲）が見られました。気温や湿度は高かったです。大きな積雲は積乱雲になっていきそうで、この雲の下では、にわか雨が降っているのではないかと思います。

この観察《かんさつ》でわかること

この写真《しゃしん》にはどんな雲《くも》がありますか。10種《しゅ》雲形《うんけい》の中《なか》から2つ選《えら》ぶことができるでしょうか？ 正解《せいかい》は高《たか》い空《そら》にすじのように見《み》える巻《けん》雲《うん》と、低《ひく》い空《そら》にもくもくとしている積雲《せきうん》です。下《した》の積雲《せきうん》はもう少《すこ》し成長《せいちょう》すると上《うえ》に広《ひろ》がり積乱雲《せきらんうん》になります。

もっと調《しら》べてみよう

10種雲形以外《しゅうんけいいがい》の雲《くも》を調《しら》べる

ここで紹介《しょうかい》した10の基本的《きほんてき》な雲《くも》の種類《しゅるい》を「10種雲《しゅうん》形《けい》」といいます。10種雲形以外《しゅうんけいいがい》にもレンズ雲《ぐも》、かさ雲《ぐも》、かなとこ雲《ぐも》、波状雲《はじょううん》など、さらに細《こま》かい分類《ぶんるい》もあります。また、その土地特有《とちとくゆう》の雲《くも》や、季節《きせつ》による雲《くも》のちがいなども調《しら》べてみるとおもしろいでしょう。

3 10種雲形《しゅうんけい》以外《いがい》にどんな雲《くも》がある?

知《し》りたい 10種類《しゅるい》の雲《くも》以外《いがい》にもさまざまな形《かたち》の雲《くも》があります。レンズのような形《かたち》の雲《くも》、色《いろ》がついた雲《くも》、海《うみ》のように広《ひろ》がった雲《くも》、飛行機《ひこうき》によってできる雲《くも》など、変《か》わった雲《くも》はどのように探《さが》したらいいのでしょうか。

レンズ雲《ぐも》

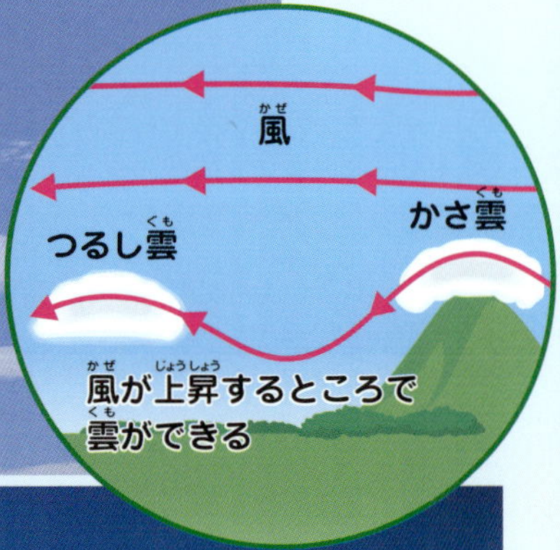
風《かぜ》
かさ雲《くも》
つるし雲《くも》
風《かぜ》が上昇《じょうしょう》するところで雲《くも》ができる

高《たか》い空《そら》に風《かぜ》が強《つよ》く吹《ふ》いているとき、波《なみ》のようにゆれた風《かぜ》によってできる雲《くも》です。強《つよ》い風《かぜ》が山《やま》に当《あ》たったあとにできます。

つるし雲《ぐも》
かさ雲《ぐも》

レンズ雲《ぐも》の仲間《なかま》で、山頂《さんちょう》付近《ふきん》にぼうしのように見《み》えるのがかさ雲《ぐも》。富士山《ふじさん》の近《ちか》くにまるく浮《う》かんでいるのがつるし雲《ぐも》です。

変《か》わった雲《くも》の探《さが》しかた

変《か》わった雲《くも》は、台風《たいふう》や発達《はったつ》した低気圧《ていきあつ》が接近《せっきん》すると見《み》られることが多《おお》いです。気温《きおん》が変《か》わり、風《かぜ》が吹《ふ》いているときに、空《そら》を見《み》あげてみましょう。色《いろ》がついた雲《くも》は、空《そら》がすんでいるときに、太陽《たいよう》の近《ちか》くに現《あらわ》れやすくなります。また、山《やま》や高原《こうげん》などに出《で》かけたとき、高《たか》い場所《ばしょ》から見《み》おろすと、雲《くも》が下《した》にあることがあります。飛行《ひこう》機雲《きぐも》は、高《たか》い空《そら》を飛《と》ぶジェット機《き》がつくります。

彩《さい》雲《うん》

白《しろ》い雲《くも》にさまざまな色《いろ》がついて見《み》えます。消《き》えていくようなうすい雲《くも》が太陽《たいよう》に近《ちか》づくと、雲《くも》の粒《つぶ》によって太陽《たいよう》の光《ひかり》が色《いろ》ごとに分《わ》かれて曲《ま》がり、彩雲《さいうん》となって見《み》られます。雲《くも》に色《いろ》がついているわけではありません。

飛行機雲《ひこうきぐも》

高《たか》い空《そら》を飛《と》ぶジェット機《き》の後《うし》ろに、白《しろ》い雲《くも》がのびていることがあります。エンジンから出《で》た水蒸気《すいじょうき》が雲《くも》になったものです。すぐに消《き》えてしまうときは空《くう》気《き》が乾燥《かんそう》し、天気《てんき》が安定《あんてい》していることが多《おお》いです。だんだん大《おお》きく成長《せいちょう》していくときは、天気《てんき》が悪《わる》くなることが多《おお》いです。この雲《くも》が浮《う》かんでいるあたりの気温《きおん》は、−45℃から−55℃ととてもつめたいです。

雲《うん》海《かい》

高《たか》い山《やま》や飛行機《ひこうき》から見《み》おろしたところに広《ひろ》がって見《み》える雲《くも》です。まるで海《うみ》のようになだらかに広《ひろ》がっていて、この上《うえ》を歩《ある》いて行《い》けそうな感《かん》じがします。冷《ひ》えた朝《あさ》にできたときは、太陽《たいよう》がのぼってくるとだんだんと消《き》えていきます。

ベール雲《うん》

積乱雲《せきらんうん》が高《たか》い空《そら》まで上昇《じょうしょう》したときにできます。そこは−40℃程度《ていど》のとてもつめたい場所《ばしょ》で、氷《こおり》からできた雲《くも》が水《みず》からできた雲《くも》をおおっています。その違《ちが》いは形《かたち》でわかります。

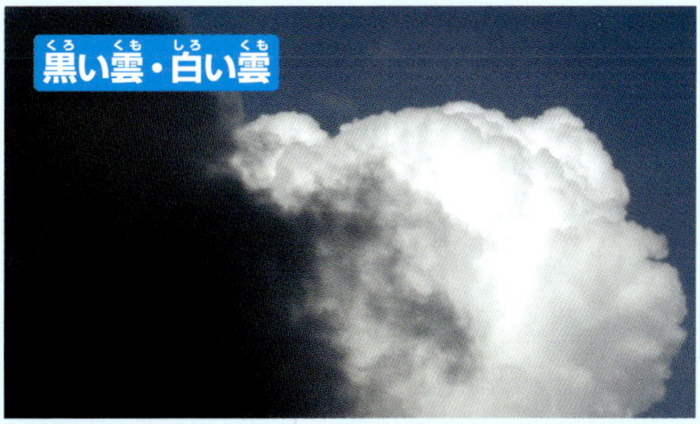
黒《くろ》い雲《くも》・白《しろ》い雲《くも》

雲《くも》は太陽《たいよう》の光《ひかり》をとても反射《はんしゃ》しやすいのでいつもは白《しろ》い色《いろ》をしています。しかし、太陽光《たいようこう》の影《かげ》に入《はい》ると、灰色《はいいろ》になったり黒《くろ》っぽく不気味《ぶきみ》に見《み》えることがあります。

もっと調《しら》べてみよう

自分《じぶん》なりに雲《くも》を分類《ぶんるい》する

雲《くも》は1つとして同《おな》じものはありません。みんなちがっているので、自分《じぶん》なりに分類《ぶんるい》してみるのもおもしろいでしょう。そして、ときどき変《か》わった雲《くも》を発見《はっけん》したら、写真《しゃしん》やスケッチに残《のこ》しましょう。10種雲形以外《しゅうんけいいがい》の変種《へんしゅ》として、波状雲《はじょううん》、放射状雲《ほうしゃじょううん》、はちの巣状雲《すじょううん》、ちぎれ雲《ぐも》、ずきん雲《ぐも》、かなとこ雲《ぐも》、もつれ雲《ぐも》、乳房雲《にゅうぼううん》などが気象《きしょう》観測《かんそく》の対象《たいしょう》になっています。

4 雲《くも》ができる場所《ばしょ》はどこ?

知《し》りたい 空《そら》に浮《う》かぶ雲《くも》はいったいどこで、どのようにしてつくられるのでしょう? また、雲《くも》ができる様子《ようす》は見《み》られるのでしょうか。

山《やま》でわく雲《くも》

雲《くも》ができる
ところは
いろいろ
あるんだよ。

山《やま》に行《い》くと間近《まぢか》に雲《くも》が見《み》られます。雲《くも》に近《ちか》づいたのです。また、山《やま》の下《した》から風《かぜ》が吹《ふ》いてくると、と中《ちゅう》から雲《くも》ができているのを見《み》ることができます。雲《くも》はこうした上昇《じょうしょう》気流《きりゅう》によってできることが多《おお》いのです。

富士山《ふじさん》

雲《くも》ができる場所《ばしょ》の探《さが》しかた

雲《くも》は、空気中《くうきちゅう》の水蒸気《すいじょうき》が冷《ひ》えてできた小《ちい》さな水滴《すいてき》や氷《こおり》の粒《つぶ》からできています(→P.10)。空気《くうき》が山《やま》をのぼるときに温度《おんど》が下《さ》がって雲《くも》になることがあります。また、川《かわ》や海《うみ》の上《うえ》には水蒸気《すいじょうき》が多《おお》く、ちょっと冷《ひ》えるとそれが雲《くも》になります。また身近《みぢか》な場所《ばしょ》でも、冷《ひ》えた朝《あさ》に霧《きり》がかかることがあります。霧《きり》と雲《くも》はどちらも小《ちい》さな水滴《すいてき》からできています。霧《きり》が地面《じめん》から離《はな》れると雲《くも》になります。

空気《くうき》の温度《おんど》がさがって雲《くも》になる
水蒸気《すいじょうき》が多《おお》いと雲《くも》ができやすい
山《やま》
海《うみ》

観《かん》察《さつ》してみよう　できる場所《ばしょ》による雲《くも》のちがい

川《かわ》や海《うみ》、湖《みずうみ》などの近《ちか》くに住《す》む人《ひと》は、水面《すいめん》の上《うえ》に雲《くも》が出《で》やすいことを知《し》っているでしょう。また、山《やま》の近《ちか》くでは、昼間《ひるま》気温《きおん》があがると、山《やま》のと中《ちゅう》からもくもくと雲《くも》がわいていく様子《ようす》を見《み》ることができます。

用意《ようい》するもの

- カメラまたはスケッチブック
- 時計《とけい》
- 方位磁針《ほういじしん》

福島県《ふくしまけん》

大《おお》きな川《かわ》の上《うえ》の空気《くうき》はしめっています。つめたい空気《くうき》に触《ふ》れて、その上《うえ》に霧《きり》や雲《くも》ができることがあります。川《かわ》の流《なが》れで霧《きり》や雲《くも》が動《うご》いていく様子《ようす》は、見《み》ていておもしろいです。

写真《しゃしん》にとって、観察《かんさつ》した日時《にちじ》や場所《ばしょ》、そのとき気《き》づいたことを記録《きろく》してまとめよう。

海《うみ》の上《うえ》は雲《くも》ができやすいです。それは水蒸気《すいじょうき》がたくさんあるからです。太陽《たいよう》に照《て》らされてわた雲《ぐも》がたくさん浮《う》かぶこともあります。またつめたい空気《くうき》に触《ふ》れて、霧《きり》や雲《くも》が海《うみ》の上《うえ》を流《なが》れていくこともあります。寒《さむ》い朝《あさ》、気温《きおん》よりも暖《あたた》かい海《うみ》の上《うえ》に雲《くも》がわいていることがあります。

千葉県《ちばけん》

POINT

空高《そらたか》くにある雲《くも》ができるしくみ

空高《そらたか》くにある雲《くも》はどうしてできるのでしょうか。地球《ちきゅう》のまわりにはいろいろな風《かぜ》が吹《ふ》いています。遠《とお》くの大陸《たいりく》や海《うみ》でさまざまな風《かぜ》が発生《はっせい》し、それがぶつかったりして雲《くも》ができます。空高《そらたか》くにある雲《くも》はとても遠《とお》くの水蒸気《すいじょうき》からできた雲《くも》なのです。でも雲《くも》は雨《あめ》や雪《ゆき》となって降《ふ》ってきたり、また水蒸気《すいじょうき》にもどって見《み》えなくなったりします。

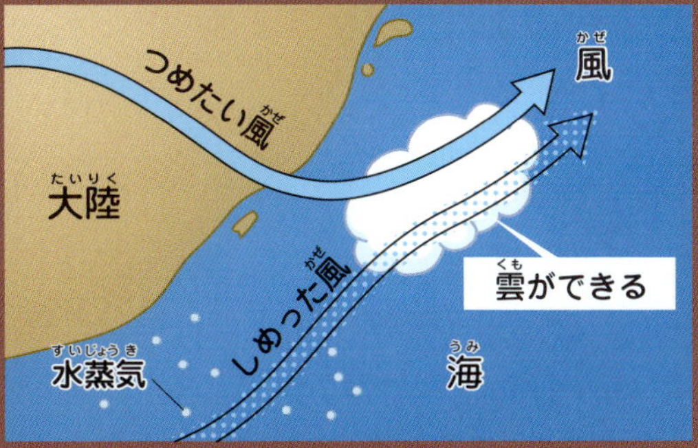

5 霧《きり》はどのようにできる？

知《し》りたい　朝《あさ》、突然《とつぜん》の霧《きり》で、まわりが真《ま》っ白《しろ》になってびっくりすることがあります。このような霧《きり》はどのようにしてできたのでしょうか？

霧《きり》におおわれた町《まち》

じつは、お風呂《ふろ》の湯気《ゆげ》も、寒《さむ》い日《ひ》にはく白《しろ》い息《いき》も霧《きり》なんだよ。

茨城県《いばらきけん》

海《うみ》からわく霧《きり》

千葉県《ちばけん》

霧《きり》のできかた

霧《きり》は雲《くも》と同《おな》じで、たくさんの小《ちい》さな水《みず》の粒《つぶ》の集《あつ》まりです。雲《くも》は上昇《じょうしょう》する風《かぜ》が冷《ひ》えて空高《そらたか》くにできますが、霧《きり》は地面《じめん》や海《うみ》の上《うえ》でしめった空気《くうき》が冷《ひ》えてできます。晴《は》れた朝《あさ》に気温《きおん》がさがったときや、つめたい海《うみ》の上《うえ》で霧《きり》ができやすくなります。陸地《りくち》では夏《なつ》から秋《あき》にかけて、海上《かいじょう》では春《はる》から夏《なつ》にかけて霧《きり》を見《み》ることが多《おお》いです。霧《きり》の中《なか》では1km《キロメートル》以上《いじょう》遠《とお》くのものが見《み》えません。

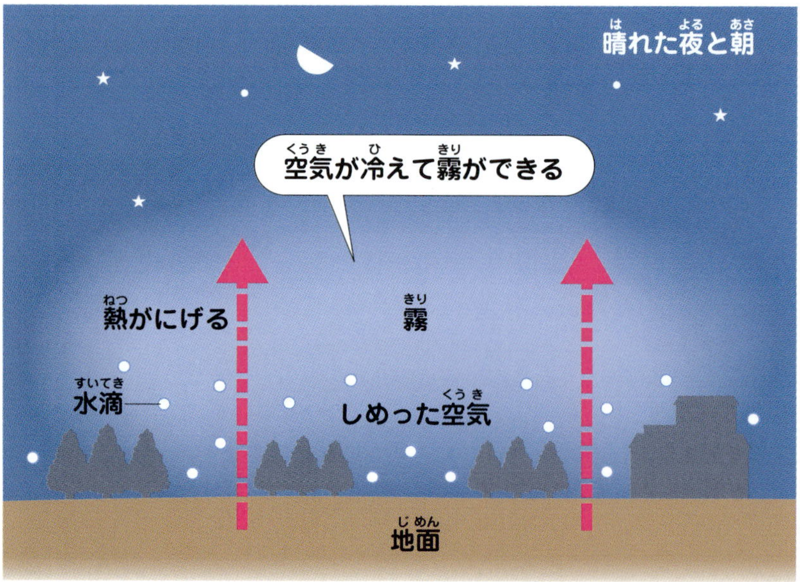
晴《は》れた夜《よる》と朝《あさ》
空気《くうき》が冷《ひ》えて霧《きり》ができる
熱《ねつ》がにげる
霧《きり》
水滴《すいてき》
しめった空気《くうき》
地面《じめん》

観察《かんさつ》してみよう　霧《きり》に光《ひかり》を当《あ》ててみよう

夜《よる》に霧《きり》が出《で》ているとき、懐中電灯《かいちゅうでんとう》で霧《きり》を照《て》らすと、白《しろ》いかがやきが遠《とお》くまでのびます。また、強《つよ》い光《ひかり》の懐中電灯《かいちゅうでんとう》や車《くるま》のヘッドライトで自分《じぶん》の影《かげ》を霧《きり》に当《あ》てると、霧《きり》に虹色《にじいろ》の輪《わ》が見《み》えます（ブロッケン現象《げんしょう》）。

用意《ようい》するもの

- 懐中電灯《かいちゅうでんとう》
- 車《くるま》

懐中電灯《かいちゅうでんとう》で霧《きり》に向《む》かって手《て》を照《て》らす

右手《みぎて》で懐中電灯《かいちゅうでんとう》を持《も》って左手《ひだりて》をのばし、左手《ひだりて》に光《ひかり》を当《あ》てて、その影《かげ》を霧《きり》につくる。

車《くるま》のヘッドライトで自分《じぶん》の影《かげ》を霧《きり》に当《あ》てる

夜《よる》、ライトをつけた車《くるま》（ライトの1つを何《なに》かでおおう）の前《まえ》に立《た》って、自分《じぶん》の影《かげ》を霧《きり》に当《あ》てよう。影《かげ》の頭《あたま》のまわりに色《いろ》のついた輪《わ》が見《み》える。

車《くるま》のライトによるブロッケン現象《げんしょう》（千葉県《ちばけん》）

写真《しゃしん》をとってもらおう。観察《かんさつ》した日時《にちじ》や場所《ばしょ》、気温《きおん》などを記録《きろく》してまとめよう。

この観察《かんさつ》でわかること

霧《きり》がかかった朝《あさ》に、気《き》をつけて散歩《さんぽ》してみましょう。地面《じめん》や植物《しょくぶつ》から出《で》てきた水蒸気《すいじょうき》が、小《ち》さな水滴《すいてき》になって浮《う》かんでいて、地面《じめん》や木々《きぎ》のにおいを感《かん》じることもあります。不思議《ふしぎ》な空間《くうかん》ですが、太陽《たいよう》がのぼってきて暖《あたた》かくなると、霧《きり》はなかったように消《き》えて青空《あおぞら》が広《ひろ》がります。霧《きり》が消《き》えたあとの地面《じめん》や草《くさ》などについている水滴《すいてき》は、霧《きり》からできたものです。

もっと調《しら》べてみよう

ブロッケン現象《げんしょう》

ドイツのブロッケン山《やま》でよく見《み》られることから、この名前《なまえ》がつきました。山《やま》のてっぺんや尾根《おね》に立《た》ち、雲《くも》や霧《きり》に自分《じぶん》の影《かげ》を映《うつ》すと、影《かげ》の頭《あたま》のまわりに虹色《にじいろ》の輪《わ》が見《み》られます。自分《じぶん》が動《うご》くと、影《かげ》と輪《わ》もいっしょに動《うご》きます。

長野県《ながのけん》

お天気《てんき》コラム vol.1

夏休《なつやす》みに空《そら》を見《み》よう

夏休《なつやす》みにはたくさんの観察《かんさつ》ができる

夏休《なつやす》みは、空《そら》を眺《なが》められる時間《じかん》がいつもより多《おお》いことでしょう。昼間《ひるま》の時間《じかん》も長《なが》いので、毎日空《まいにちそら》を見《み》ていろいろな発見《はっけん》をしましょう。

日中《にっちゅう》は太陽《たいよう》が高《たか》くにありますから、青《あお》い空《そら》に白《しろ》い雲《くも》が浮《う》かび、だんだんと成長《せいちょう》していく様子《ようす》が見《み》られます。

また、太陽《たいよう》が沈《しず》んでいく様子《ようす》や日《ひ》の出《で》の空《そら》も、ぜひ観察《かんさつ》してください。朝方《あさがた》や夕方《ゆうがた》は、太陽《たいよう》の光《ひかり》がななめにやってくるので、雲《くも》が立体的《りったいてき》に見《み》え、太陽《たいよう》の色《いろ》が雲《くも》に映《うつ》ることがあります。

数分《すうふん》の間《あいだ》にその様子《ようす》は変化《へんか》し、あのあざやかな夕焼《ゆうや》け雲《ぐも》は、低《ひく》い雲《くも》から色《いろ》がついていくのだということもわかるでしょう。

夕日《ゆうひ》で赤《あか》くそまった積乱雲《せきらんうん》

朝《あさ》と夜《よる》の雲《くも》を観察《かんさつ》してみよう

この時間《じかん》は気温《きおん》の変化《へんか》が激《はげ》しいので、雲《くも》ができたり消《き》えたり、急《きゅう》に動《うご》き出《だ》したりすることがあります。特《とく》に朝《あさ》は、太陽《たいよう》が当《あ》たると霧《きり》が急《きゅう》に消《き》えていく光景《こうけい》も見《み》られます。

夜《よる》にも雲《くも》が出《で》ています。満月《まんげつ》の光《ひかり》に照《て》らされた雲《くも》が、昼間《ひるま》のように見《み》えることもあります。夜《よる》の雲《くも》は、形《かたち》や動《うご》きが昼間《ひるま》と違《ちが》うこともあります。

山《やま》や海《うみ》の暗《くら》いところでは、星空《ほしぞら》を雲《くも》がかくすと空《そら》がより暗《くら》くなります。星明《ほしあ》かりだけでなく、高《たか》い空《そら》の空気《くうき》も夜《よる》に少《すこ》し光《ひかり》を出《だ》しているのです。

満月《まんげつ》に照《て》らされた雲《くも》

夏休《なつやす》みならではの経験《けいけん》を観察《かんさつ》にいかそう

旅行《りょこう》に行《い》ったら、その場所《ばしょ》の天気《てんき》や雲《くも》をよく見《み》てみましょう。山《やま》の上《うえ》には変《か》わった雲《くも》が出《で》やすいですし、海《うみ》から風《かぜ》が吹《ふ》くと雲《くも》ができやすいのです。

また、台風《たいふう》が近《ちか》づいてくるといろいろな雲《くも》が次々《つぎつぎ》に現《あらわ》れて、まるで雲《くも》の博物館《はくぶつかん》にいるようです。

台風《たいふう》がきたら、気圧《きあつ》や風《かぜ》、気温《きおん》、湿度《しつど》などを1時間《じかん》ごとに測定《そくてい》してみましょう。天気《てんき》の変化《へんか》が実感《じっかん》できます(台風《たいふう》が接近《せっきん》したら、危険《きけん》がないよう室内《しつない》にいましょう)。

台風《たいふう》が近《ちか》づいたときの雲《くも》

第《だい》2章《しょう》 雨《あめ》や雪《ゆき》を観察《かんさつ》しよう

雨《あめ》がどのように降《ふ》ってくるのか、雪《ゆき》がどうやってできるのかを見《み》てみよう。

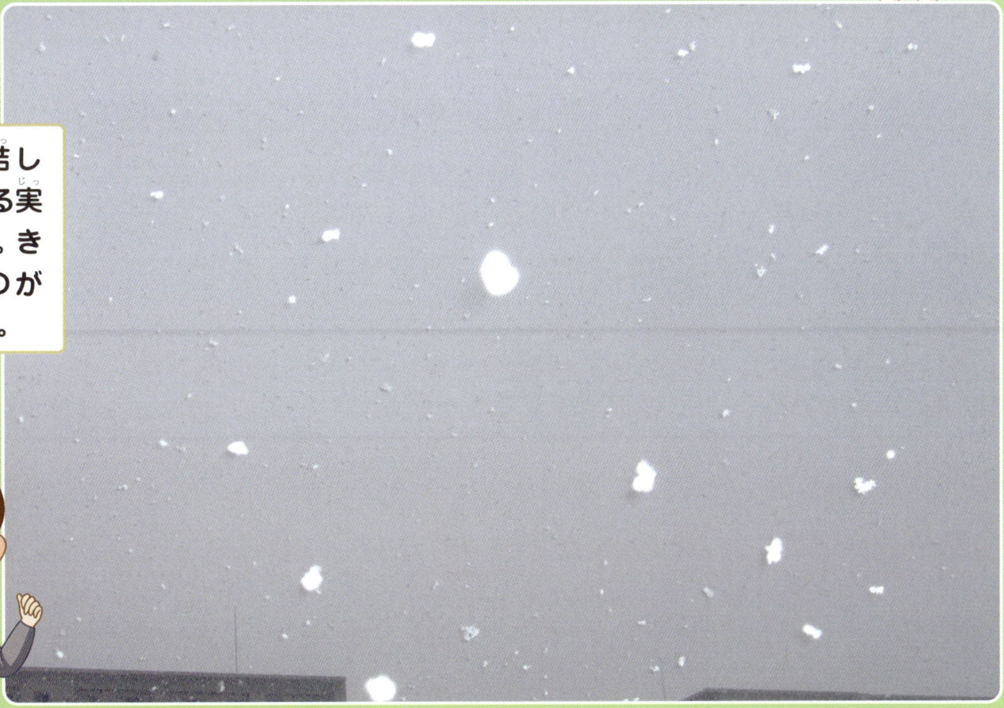

虹《にじ》や雪《ゆき》の結《けっ》しょうをつくる実《じっ》験《けん》もあるよ。きれいなものができるかな。

1 雨粒《あまつぶ》の形《かたち》はどんな形《かたち》？

知《し》りたい 降《ふ》ってくる雨《あめ》は水滴《すいてき》からできています。では、この水滴《すいてき》はどんな形《かたち》をしているのでしょう？ 蛇口《じゃぐち》からしたたる、しずくと同《おな》じような形《かたち》をしているのでしょうか。

雨粒《あまつぶ》の形《かたち》は、たて長《なが》で下《した》のほうがふくらんでいるんだよね。
じつは、そうではないんだ。実際《じっさい》に見《み》てみよう！

空中《くうちゅう》でとまる水滴《すいてき》

雨《あめ》が降《ふ》るしくみ

雲《くも》の中《なか》で氷《こおり》の粒《つぶ》が大《おお》きくなってできた雪《ゆき》やあられが落下《らっか》し、それがとけて降《ふ》ってきたものが雨《あめ》です。雨粒《あまつぶ》の大《おお》きさは0.5mm程《ミリメートルてい》度《ど》から最大《さいだい》で7mm程度《ミリメートルていど》まであり、霧雨《きりさめ》や弱《よわ》い雨《あめ》または強《つよ》い雨《あめ》になります。空中《くうちゅう》では、水《みず》は表面《ひょうめん》張力《ちょうりょく》によって球《たま》の形《かたち》になろうとします。落下《らっか》するときは空気《くうき》にぶつかり、ややつぶれた形《かたち》になることがあります。しずくの形《かたち》になることはありません。

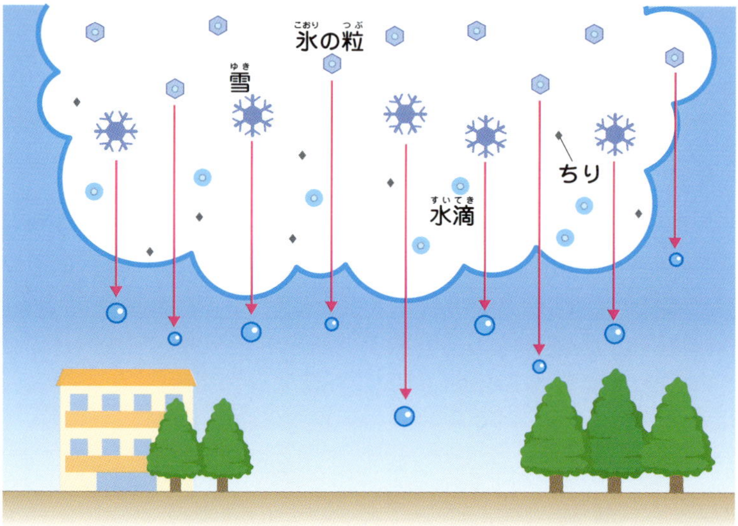
氷《こおり》の粒《つぶ》
雪《ゆき》
ちり
水滴《すいてき》

実験《じっけん》してみよう　ペットボトルを使《つか》って雨粒《あまつぶ》をつくろう

雨粒《あまつぶ》の形《かたち》は見《み》えるでしょうか？　水《みず》しぶきをあげると水滴《すいてき》は一《いっ》しゅん、空中《くうちゅう》でとまります。そのときに水滴《すいてき》の形《かたち》を見《み》てみましょう。

用《よう》意《い》するもの

- ふたに穴《あな》をあけたペットボトル
- 水《みず》

1

手《て》でペットボトルを押《お》して、あけた穴《あな》から水《みず》しぶきを1m《メートル》ほどあげる。

写真《しゃしん》にとって、雨粒《あまつぶ》の形《かたち》を確認《かくにん》してみよう。

2

小《ちい》さな水滴《すいてき》はだいたいまるい形《かたち》をしている
大《おお》きい水滴《すいてき》は水《みず》の球《たま》がグニャグニャとしている

水《みず》は空中《くうちゅう》で一《いっ》しゅんとまって落《お》ちる。そのとまったしゅん間《かん》を、よく見《み》るか写真《しゃしん》でとると、だいたいまるい形《かたち》をしていることがわかる。

この実験《じっけん》でわかること

水《みず》には表面張力《ひょうめんちょうりょく》という力《ちから》があって、小《ちい》さいと自《みずか》らまるくなろうとします。無重力状態《むじゅうりょくじょうたい》の宇宙船《うちゅうせん》の中《なか》では、水《みず》は球《たま》になって浮《う》かびます。この実験《じっけん》ではその様子《ようす》を一《いっ》しゅん見《み》ることができます。雨《あめ》となって降《ふ》ってくる水滴《すいてき》はとても速《はや》いので、その形《かたち》を見《み》ることは難《むずか》しいのですが、小《ちい》さい雨粒《あまつぶ》は完全《かんぜん》にまるい形《かたち》をしているようです。

POINT 大《おお》きな雨粒《あまつぶ》はつぶれてしまう

雨粒《あまつぶ》は大《おお》きくなると空気《くうき》の抵抗《ていこう》をより強《つよ》く受《う》け、お供《そな》えもちのような形《かたち》になってしまいます。ちなみに、大《おお》きさが7mm《ミリメートル》くらいになると雨粒《あまつぶ》は分《ぶん》れつしてしまい、巨大《きょだい》な雨粒《あまつぶ》は存在《そんざい》しないことがわかっています。

2mm《ミリメートル》
5mm《ミリメートル》
7mm《ミリメートル》

雨粒《あまつぶ》の大《おお》きさによる形《かたち》の違《ちが》い

表面張力《ひょうめんちょうりょく》とは：液体《えきたい》が表面《ひょうめん》の広《ひろ》さをできるだけ小《ちい》さくしようとする力《ちから》。

2 雨粒《あまつぶ》の落《お》ちる速《はや》さはどれくらい？

知《し》りたい とても速《はや》く落《お》ちてくる雨粒《あまつぶ》は、どのくらいの速《はや》さなのでしょう？
高《たか》い雲《くも》から落《お》ちてくるので、だんだんと速《はや》くなってくるのでしょうか。

雨粒《あまつぶ》は肉眼《にくがん》では線《せん》にしか見《み》えないんだ。

降《ふ》る雨《あめ》のすじ

雨粒《あまつぶ》の落《お》ちるスピード

雲《くも》の中《なか》で大《おお》きくなった雪《ゆき》や氷《こおり》の粒《つぶ》が、落《お》ちてくると中《ちゅう》にとけて降《ふ》ってきたものが雨《あめ》です。熱帯地方《ねったいちほう》では、雲《くも》の中《なか》で水《みず》の粒《つぶ》が大《おお》きくなって降《ふ》ってきます。小《ちい》さな雨粒《あまつぶ》はゆっくりと、大《おお》きな雨粒《あまつぶ》は速《はや》く落《お》ちてきます。しかし、落下《らっか》する野《や》球《きゅう》やゴルフのボール、いん石《せき》のようには速《はや》くはありません。

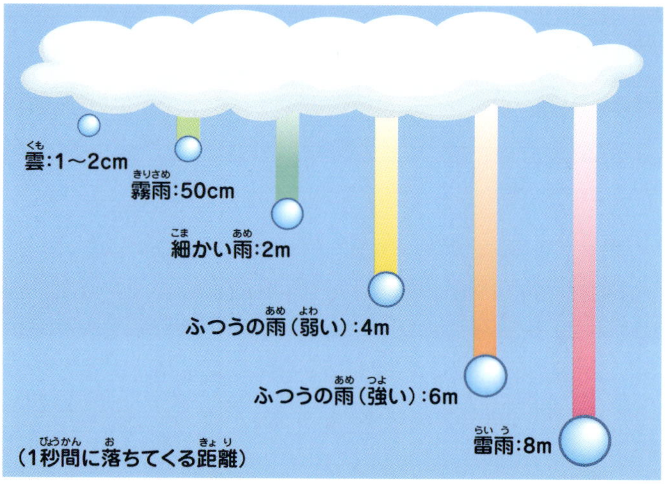
雲《くも》:1〜2cm
霧雨《きりさめ》:50cm
細《こま》かい雨《あめ》:2m
ふつうの雨《あめ》（弱《よわ》い）:4m
ふつうの雨《あめ》（強《つよ》い）:6m
雷雨《らいう》:8m
（1秒間《びょうかん》に落《お》ちてくる距離《きょり》）

観察《かんさつ》してみよう　雨《あめ》の速《はや》さを調《しら》べよう

雨《あめ》の速《はや》さはどのくらいなのでしょうか。雨粒《あまつぶ》は小《ちい》さくて目《め》で追《お》うことができません。しかし、写真《しゃしん》で雨《あめ》のすじを写《うつ》すことはできます。写真《しゃしん》に線《せん》として写《うつ》る雨《あめ》のすじから、雨《あめ》の速《はや》さを求《もと》めてみましょう。

用《よう》意《い》するもの

- ピントとシャッタースピードが調節《ちょうせつ》できるカメラ
- 定規《じょうぎ》

1

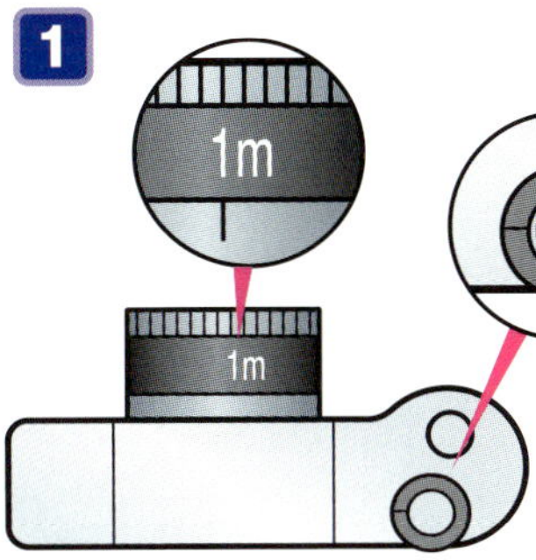

カメラのピントを1m《メートル》に、シャッタースピードを60分《ぶん》の1程度《ていど》にする。

2

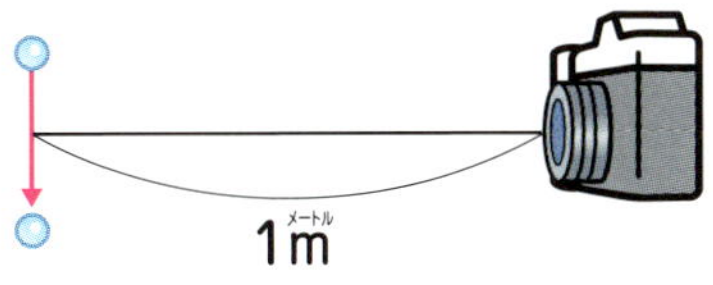

降《ふ》ってくる雨《あめ》を真横《まよこ》から撮影《さつえい》する。

部屋《へや》の中《なか》から外《そと》をとったり、傘《かさ》をさしてとるといいよ。

3

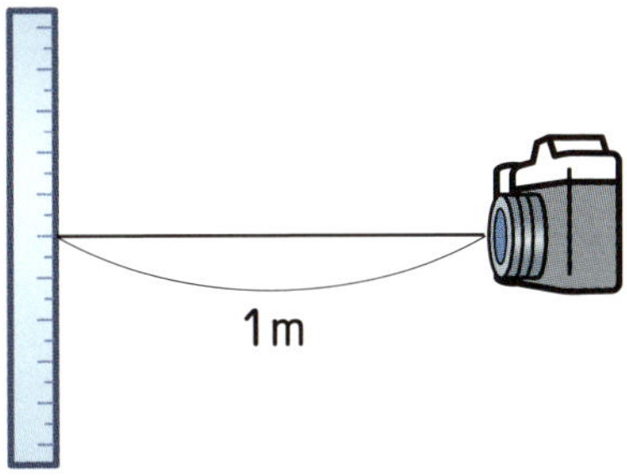

カメラの1m《メートル》先《さき》に定規《じょうぎ》を立《た》ててとる。

雨粒《あまつぶ》のこまかさに応《おう》じて、シャッタースピードをおそくしていく。

4

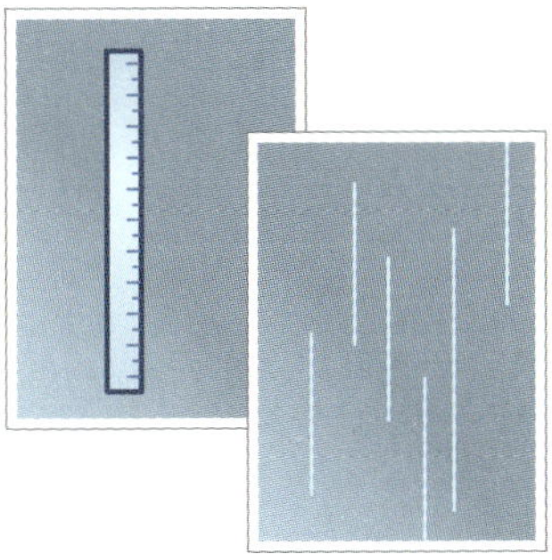

写真《しゃしん》ができたら、3でとった定規《じょうぎ》で2の雨《あま》粒《つぶ》の長《なが》さをはかる。その長《なが》さをシャッタースピードでわると、雨《あめ》の速《そく》度《ど》がわかる。

計算式《けいさんしき》　写真《しゃしん》の雨粒《あまつぶ》の長《なが》さ÷シャッタースピード＝雨《あめ》の速度《そくど》

この観察《かんさつ》でわかること

雨《あめ》はたての線《せん》になって写《うつ》ります。長《なが》い定規《じょうぎ》や巻《ま》き尺《じゃく》を、ピントを合《あ》わせたところに置《お》いて撮影《さつえい》し、写《うつ》った雨《あめ》の線《せん》の長《なが》さをシャッタースピードでわると、1秒間《びょうかん》に動《うご》いた雨《あめ》の距《きょ》離《り》（秒速《びょうそく》）が算出《さんしゅつ》できます。雨粒《あまつぶ》の大《おお》きさによって、だいたい雨《あめ》の速《はや》さは決《き》まっていることがわかるでしょう。小《ちい》さい雨粒《あまつぶ》はかなりおそく、大《おお》きな雨粒《あまつぶ》はとても速《はや》いです。

もっと調《しら》べてみよう

なぜ雨粒《あまつぶ》の大《おお》きさによって速《はや》さが変《か》わるのかを調《しら》べる

なぜ雨粒《あまつぶ》の大《おお》きさによって雨《あめ》の速《はや》さが決《き》まっているのでしょうか。高《たか》い場所《ばしょ》から水滴《すいてき》を落《お》として実験《じっけん》してみましょう。水滴《すいてき》はすぐに決《き》まった速《はや》さになって落《お》ちてきます。これは空気《くうき》の抵抗《ていこう》によって速《はや》さが決《き》まるためだと考《かんが》えられています。落《お》ちてくる雨粒《あまつぶ》に空気《くうき》はどのようにぶつかっているのでしょうか。

3 雨量《うりょう》はどうやって量《はか》る？

知《し》りたい　雨《あめ》の強《つよ》さは雨量《うりょう》で表《あらわ》されます。○○ミリという表現《ひょうげん》が使《つか》われますが、これはどんな意味《いみ》で、自分《じぶん》でも量《はか》ることができるものなのでしょうか？

大雨《おおあめ》で通《とお》れなくなった道路《どうろ》（千葉県《ちばけん》）

降《ふ》った雨《あめ》が流《なが》れていかずにたまったときの深《ふか》さ（mm《ミリメートル》）を雨量《うりょう》（ミリ）といいます。雪《ゆき》はとかして、量《はか》ります。雨《あめ》や雪《ゆき》をあわせて降水量《こうすいりょう》ということもあります。

雨量《うりょう》を量《はか》るしくみ

以前《いぜん》は雨量計《うりょうけい》に一定《いってい》の時間内《じかんない》にたまった雨《あめ》の量《りょう》を、メスシリンダーという目盛《めも》りのついた容器《ようき》で量《はか》って雨量《うりょう》を測定《そくてい》していました。今《いま》では中身《なかみ》が変《か》わり、一定量《いっていりょう》の雨《あめ》が降《ふ》るごとにセンサーでカウントするしくみになっています。しかし、こうした機械《きかい》がなくても、筒《つつ》のような容器《ようき》を地面《じめん》に置《お》いて雨《あめ》を受《う》けるだけで、雨量《うりょう》を量《はか》ることができます。

転倒《てんとう》ます雨量計《うりょうけい》

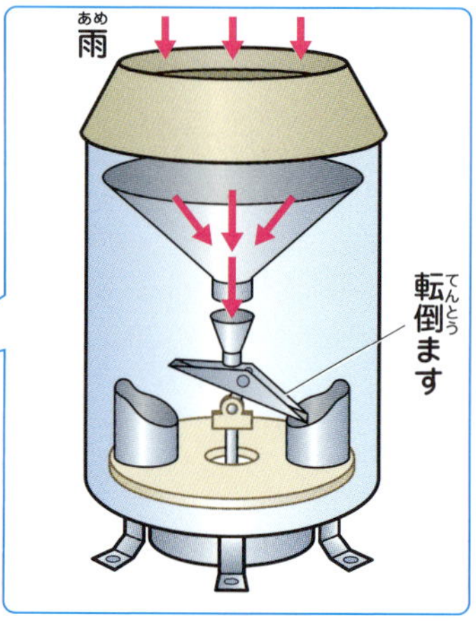
雨《あめ》
転倒《てんとう》ます

今《いま》は雨量計《うりょうけい》に「転倒《てんとう》ます」がついている。転倒《てんとう》ますに降水量《こうすいりょう》0.5ミリがたまると反対側《はんたいがわ》にたおれ、1回《かい》がカウントされる。このカウント数《すう》によって、降水量《こうすいりょう》がわかる。

観《かん》察《さつ》してみよう 雨量《うりょう》を調《しら》べよう

気象庁《きしょうちょう》では直径《ちょっけい》20cm《センチメートル》の雨量計《うりょうけい》で雨《あめ》を集《あつ》めますが、雨量《うりょう》はたまった水《みず》の深《ふか》さ(mm《ミリメートル》)を測《はか》るだけなので、筒状《つつじょう》の容器《ようき》であれば測定《そくてい》はできます。1時間《じかん》や1日《にち》といった単位《たんい》で、筒状《つつじょう》の容器《ようき》にたまった水《みず》の深《ふか》さを定規《じょうぎ》で測《はか》ります。

用《よう》意《い》するもの

- 円筒形《えんとうけい》または角柱形《かくちゅうけい》の容器《ようき》(できれば透明《とうめい》なほうがよい)
- 定規《じょうぎ》

1

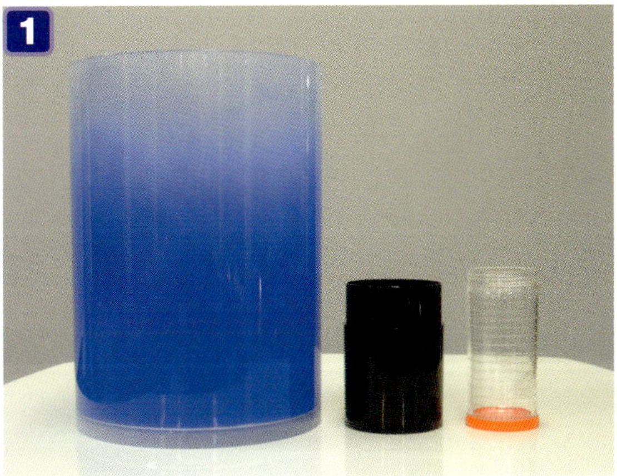

このような容器《ようき》(100円《えん》ショップで買《か》える)を用意《ようい》して雨《あめ》を受《う》けると、水《みず》の深《ふか》さ(mm《ミリメートル》)が雨量《うりょう》(ミリ)になる。容器《ようき》の大《おお》きさがちがっても水《みず》の深《ふか》さは同《おな》じになる。

かなり強《つよ》い雨《あめ》であっても、容器《ようき》の中《なか》の雨《あめ》はなかなかたまらない。

2

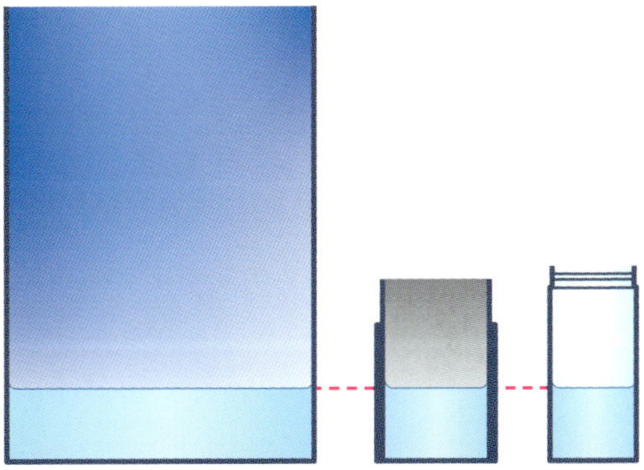

雨《あめ》が降《ふ》っているときに容器《ようき》を屋外《おくがい》に出《だ》し、そこにたまった雨《あめ》の深《ふか》さ(mm《ミリメートル》)を定規《じょうぎ》で測《はか》る。1時間《じかん》あるいは1日《にち》に降《ふ》った雨《あめ》を○○ミリとして記録《きろく》する。

測定《そくてい》を1時間《じかん》ごとにするか1日《にち》にするか、降《ふ》りかたで判断《はんだん》する。

この実験《じっけん》でわかること

1時間《じかん》に20ミリ降《ふ》れば強《つよ》い雨《あめ》です。気象庁《きしょうちょう》では下《した》のような分類《ぶんるい》になっています。また、台風《たいふう》や発達《はったつ》した低気圧《ていきあつ》の場合《ばあい》は、24時間《じかん》(あるいは○○まで)に100ミリや300ミリという言《い》いかたをします。この場合《ばあい》は容器《ようき》からあふれるような、たいへんな雨《あめ》の量《りょう》です。

1時間雨量《じかんうりょう》(ミリ)	予報用語《よほうようご》	感《かん》じかた
10〜20	やや強《つよ》い雨《あめ》	ザーザーと降《ふ》る
20〜30	強《つよ》い雨《あめ》	どしゃ降《ぶ》り
30〜50	はげしい雨《あめ》	バケツをひっくり返《かえ》したように降《ふ》る
50〜80	非常《ひじょう》にはげしい雨《あめ》	滝《たき》のように降《ふ》る(ゴーゴーと降《ふ》り続《つづ》く)
80〜	猛烈《もうれつ》な雨《あめ》	息苦《いきぐる》しくなるような圧迫感《あっぱくかん》がある。恐怖《きょうふ》を感《かん》じる

観察《かんさつ》のまとめかた

日付《ひづけ》	雨量《うりょう》
8月《がつ》1日《ついたち》(日《にち》)	24ミリ
8月《がつ》2日《ふつか》(月《げつ》)	0ミリ
8月《がつ》3日《みっか》(火《か》)	6ミリ
⋮	⋮

何日《なんにち》か続《つづ》けて観察《かんさつ》し、表《ひょう》にまとめてみよう。

4 虹《にじ》はどうしてできるの？

知《し》りたい 雨《あめ》あがりに見《み》える美《うつく》しい虹《にじ》は、どうしてできるのでしょう？
虹《にじ》を自分《じぶん》でつくることはできるのでしょうか。

まあ、きれい。虹《にじ》のかけ橋《はし》ができてる。
ほんとうだね。ここではこの虹《にじ》について学《まな》んでいこう。

アーチ状《じょう》の虹《にじ》（千葉県《ちばけん》）

虹《にじ》ができるしくみ

虹《にじ》は、雨粒《あまつぶ》の水滴《すいてき》によって太陽《たいよう》の光《ひかり》が反射《はんしゃ》・屈折《くっせつ》してできます。見《み》る人《ひと》をはさんで、雨《あめ》と太陽《たいよう》が反対《はんたい》の方角《ほうがく》にあるときに見《み》えます。だから夕立《ゆうだち》のあと（太陽《たいよう》は西《にし》にあるので）、東《ひがし》の空《そら》に見《み》えることが多《おお》いのです。虹《にじ》はその位置《いち》関係《かんけい》が大切《たいせつ》なので、見《み》る人《ひと》が動《うご》けば虹《にじ》の位置《いち》も変《か》わります。つまり、ちがう場所《ばしょ》にいる人《ひと》からはちがう虹《にじ》が見《み》えているわけです。

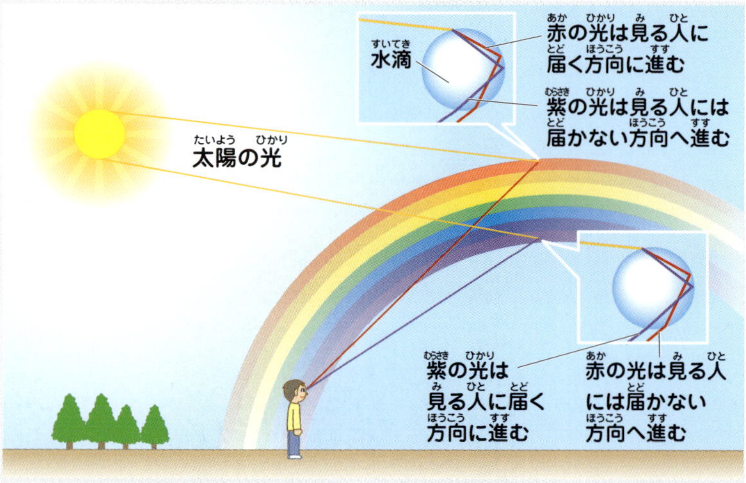
水滴《すいてき》
赤《あか》の光《ひかり》は見《み》る人《ひと》に届《とど》く方向《ほうこう》に進《すす》む
紫《むらさき》の光《ひかり》は見《み》る人《ひと》には届《とど》かない方向《ほうこう》へ進《すす》む
太陽《たいよう》の光《ひかり》
紫《むらさき》の光《ひかり》は見《み》る人《ひと》に届《とど》く方向《ほうこう》に進《すす》む
赤《あか》の光《ひかり》は見《み》る人《ひと》には届《とど》かない方向《ほうこう》へ進《すす》む

実《じっ》験《けん》してみよう　水《みず》しぶきで虹《にじ》をつくろう

ホースやじょうろで水《みず》しぶきをつくり、そこに太陽《たいよう》の光《ひかり》を当《あ》てると虹《にじ》が見《み》られます。太陽《たいよう》を背《せ》にして水《みず》しぶきを見《み》ながら、虹《にじ》が現《あらわ》れる位置《いち》を探《さが》してみましょう。

用《よう》意《い》するもの

●水道《すいどう》

●霧状《きりじょう》に水《みず》が出《で》る口《くち》のついたホース

晴《は》れて太陽《たいよう》の光《ひかり》が当《あ》たっているとき、水《みず》しぶきをたくさん出《だ》す。太陽《たいよう》を背《せ》にして水《みず》しぶきを見《み》ると、虹《にじ》が見《み》られる。

水《みず》しぶきの量《りょう》や広《ひろ》がりを工夫《くふう》すると、虹《にじ》はよりはっきりしてくる。

写真《しゃしん》をとってみよう。また、太陽《たいよう》と虹《にじ》、自分《じぶん》の位置関係《いちかんけい》をスケッチしよう。

できれば水《みず》しぶきを出《だ》す人《ひと》と虹《にじ》を見《み》る人《ひと》を分《わ》けて、やや離《はな》れて虹《にじ》が見《み》られるようにしよう。また、後《うし》ろが暗《くら》いほうがいいよ。

この実《じっ》験《けん》でわかること

虹《にじ》は水《みず》しぶきの中《なか》、太陽《たいよう》と反対側《はんたいがわ》から少《すこ》し離《はな》れた（約《やく》40°の）位置《いち》に、内側《うちがわ》から紫《むらさき》・あい・青《あお》・緑《みどり》・黄《き》・だいだい・赤《あか》の7色《しょく》などに見《み》えることがわかります。そして、虹《にじ》は見《み》る人《ひと》が動《うご》いたり遠《とお》ざかったりすることで、見《み》える様子《ようす》が変《か》わることがわかります。

もっと調《しら》べてみよう

水滴《すいてき》の大《おお》きさを変《か》えて虹《にじ》の見《み》えかたを調《しら》べる

水《みず》しぶきの水滴《すいてき》の大《おお》きさを変《か》えることで、虹《にじ》の見《み》えかたは変《か》わるのでしょうか。霧雨《きりさめ》や霧《きり》によってできる虹《にじ》は幅《はば》が広《ひろ》く、色《いろ》が混《ま》ざって白《しろ》っぽくなります。

5 虹《にじ》にはどのような種類《しゅるい》がある？

知《し》りたい 空《そら》にはさまざまな虹《にじ》が見《み》られます。
虹《にじ》にはどのような種類《しゅるい》があるのでしょうか？

主虹《しゅにじ》・副虹《ふくにじ》

虹《にじ》が二重《にじゅう》に見《み》えるときがあります。1つの虹《にじ》は色《いろ》の順《じゅん》がふつうなのですが、もう1つの虹《にじ》は色《いろ》の順《じゅん》が逆《ぎゃく》になっています。これは、色《いろ》の順《じゅん》がふつうの虹《にじ》（主虹《しゅにじ》）は、太陽《たいよう》の光《ひかり》が水滴《すいてき》の中《なか》で1回反射《かいはんしゃ》するのに対《たい》し、色《いろ》の順《じゅん》が逆《ぎゃく》の虹《にじ》（副虹《ふくにじ》）は2回《かい》反射《はんしゃ》するために起《お》こる現象《げんしょう》です。

千葉県《ちばけん》

株虹《かぶにじ》
沖縄県《おきなわけん》

雨《あめ》の降《ふ》っている場所《ばしょ》が一部分《いちぶぶん》だけだと、そこだけに虹《にじ》が小《ちい》さく見《み》えます。

白虹《しろにじ》
沖縄上空《おきなわじょうくう》

霧雨《きりさめ》や霧《きり》、雲《くも》にできる虹《にじ》は、光《ひかり》が混《ま》ざり合《あ》い白《しろ》っぽくなります。

さまざまな虹《にじ》ができるしくみ

主虹《しゅにじ》は光《ひかり》が水滴《すいてき》の中《なか》で1回反射《かいはんしゃ》するもの、副虹《ふくにじ》は2回反射《かいはんしゃ》するものです（右図《みぎず》）。また、水滴《すいてき》の粒《つぶ》が小《ちい》さいと色《いろ》が重《かさ》なって白《しろ》っぽく見《み》えます（白《しろ》虹《にじ》）。それ以外《いがい》にも、虹《にじ》の内側《うちがわ》にたくさんの小《ちい》さな虹《にじ》が見《み》られることや、水面《すいめん》に反射《はんしゃ》した太陽光《たいようこう》線《せん》で虹《にじ》が見《み》えることもあります。虹《にじ》の色《いろ》の数《かず》は国《くに》や地域《ちいき》によって違《ちが》いますが、ふつう5色《しょく》くらいが見《み》られます。

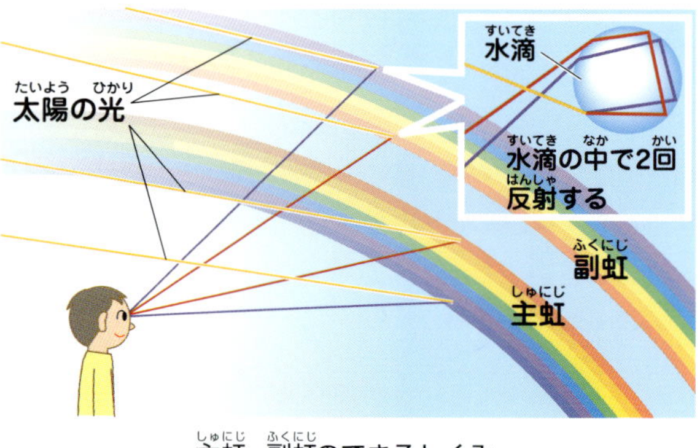
水滴《すいてき》
太陽《たいよう》の光《ひかり》
水滴《すいてき》の中《なか》で2回《かい》
反射《はんしゃ》する
副虹《ふくにじ》
主虹《しゅにじ》

主虹《しゅにじ》・副虹《ふくにじ》のできるしくみ

観《かん》察《さつ》してみよう　虹色《にじいろ》に見《み》える現象《げんしょう》

虹以外《にじいがい》にも空《そら》に色《いろ》がついて光《ひか》って見《み》える現象《げんしょう》があります。雲《くも》の小《ち》さな氷《こおり》によって屈折《くっせつ》してできる現象《げんしょう》を暈《かさ》といい、その仲間《なかま》に日暈《ひがさ》や環天頂《かんてんちょう》アーク（天頂環《てんちょうかん》）などがあって、虹《にじ》と間《ま》ちがわれることがあります。また、夜《よ》明《あ》けや夕暮《ゆうぐ》れの空《そら》（薄明《はくめい》）の色《いろ》が虹色《にじいろ》にかがやいていることがあります。

用《よう》意《い》するもの

- カメラまたはスケッチブック

虹《にじ》の仲間《なかま》ではないけれど、雲《くも》の氷《こおり》の粒《つぶ》によって虹色《にじいろ》に光《ひか》る現象《げんしょう》があり、これを「暈《かさ》」といいます。太陽《たいよう》のまわりに大《おお》きくできる色《いろ》のついた光《ひかり》の輪《わ》を「日暈《ひがさ》」といいます。

空高《そらたか》くに見《み》えるあざやかな虹色《にじいろ》の曲線《きょくせん》です。

太陽《たいよう》がのぼる40～50分前《ぷんまえ》や沈《しず》んだ40～50分後《ぷんご》に、空《そら》があざやかな色《いろ》になることがあります。

暈《かさ》のしくみ

太陽《たいよう》や月《つき》の光《ひかり》が氷《こおり》の粒《つぶ》にあたって、曲《ま》がったり反射《はんしゃ》したりしてできます。

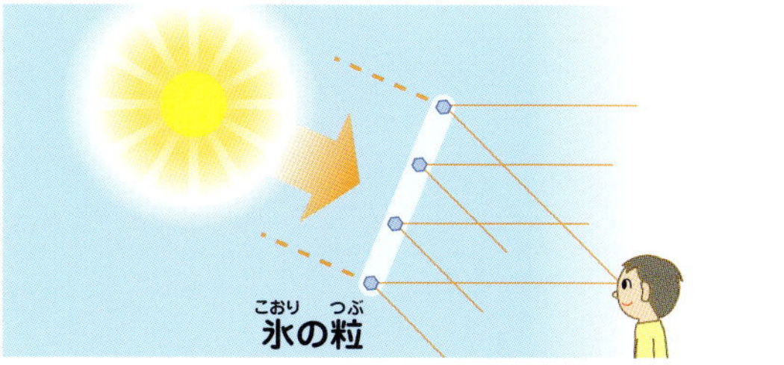

もっと調《しら》べてみよう

虹以外《にじいがい》に空《そら》に色《いろ》がつく現象《げんしょう》を調《しら》べる

暈《かさ》の現象《げんしょう》には、ほかにも太陽《たいよう》の両側《りょうがわ》に光《ひかり》の点《てん》ができる「幻日《げんじつ》」や地平線近《ちへいせんちか》くに横《よこ》にのびる「環水平《かんすいへい》アーク」などがあります。薄明《はくめい》のとき、反対《はんたい》の空《そら》に赤紫色《あかむらさきいろ》と青色《あおいろ》の境《さかい》ができる「地球影《ちきゅうえい》」という現象《げんしょう》もあります。これらの現象《げんしょう》を見《み》るために、空《そら》の観察《かんさつ》を続《つづ》けてみましょう。

6 雪《ゆき》・あられ・みぞれ・ひょうの違《ちが》い

知《し》りたい 空《そら》から降《ふ》ってくる雪《ゆき》や氷《こおり》にはいろいろな名前《なまえ》があります。
どのような区別《くべつ》があって、いつ見《み》ることができるのでしょうか？
また、それらはどのようにして降《ふ》るのでしょうか？

雪《ゆき》
雪《ゆき》、あられ、みぞれ、ひょうの違《ちが》いを学《まな》んで、区《く》別《べつ》できるようになろう。
次《つぎ》つぎと落《お》ちてくる雪《ゆき》のかたまり（千葉県《ちばけん》）

気温《きおん》が1℃くらいにさがると、たいていみぞれは「雪《ゆき》」に変《か》わります。その間《あいだ》の気温《きおん》では、湿度《しつど》によって雨《あめ》・みぞれ・雪《ゆき》に変《か》わり、乾燥《かんそう》しているほうが雪《ゆき》になりやすいです。

雪《ゆき》などが降《ふ》るしくみ

雲《くも》の中《なか》の小《ちい》さな氷《こおり》の粒《つぶ》に、まわりの水滴《すいてき》から蒸発《じょうはつ》した水蒸気《すいじょうき》がくっついて雪《ゆき》の結《けっ》しょうができます。それが集《あつ》まったり、まわりに雲《くも》の水《みず》の粒《つぶ》がこおりついたりして、雪《ゆき》やあられとして降《ふ》ってきます。
雪《ゆき》やあられがとけて地上《ちじょう》に降《ふ》ってくると雨《あめ》になりますが、とけないものが混《ま》ざっているとみぞれになります。また、ひょうは、雲《くも》の中《なか》でとけたりこおったりをくり返《かえ》して氷《こおり》の粒《つぶ》が大《おお》きくなったものです（→P.37）。

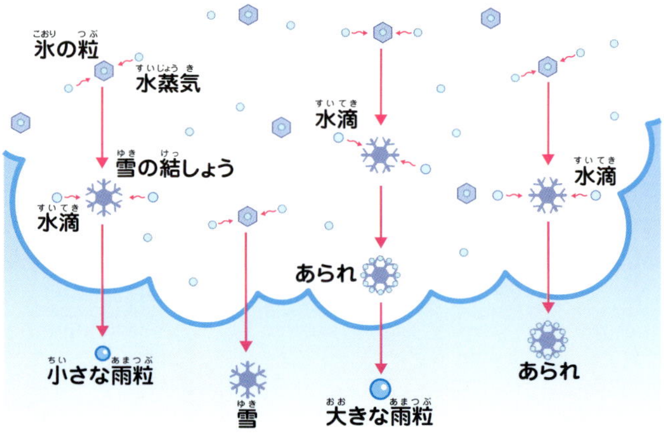
氷《こおり》の粒《つぶ》
水蒸気《すいじょうき》
水滴《すいてき》
雪《ゆき》の結《けっ》しょう
水滴《すいてき》
水滴《すいてき》
あられ
小《ちい》さな雨粒《あまつぶ》
雪《ゆき》
大《おお》きな雨粒《あまつぶ》
あられ
※みぞれは雪《ゆき》と雨《あめ》が同時《どうじ》に降《ふ》る現象《げんしょう》のことです。

観《かん》察《さつ》してみよう　あられやひょうの粒《つぶ》を見《み》よう

あられにはたくさんの小《ちい》さな白《しろ》い氷《こおり》の粒《つぶ》がついています。これは雲《くも》の水《みず》の粒《つぶ》がこおりついたものです。また、ひょうをわると、中《なか》に年輪《ねんりん》のようなもようが見《み》られることがあります。

用《よう》意《い》するもの

●カメラまたはスケッチブック　●定規《じょうぎ》

あられ

「あられ」は、直径《ちょっけい》2～5mm《ミリメートル》の氷《こおり》の粒《つぶ》（氷《こおり》あられ）あるいは雪《ゆき》がかたまった、まっ白《しろ》い粒《つぶ》（雪《ゆき》あられ）です。氷《こおり》あられはひょうと似《に》た降《ふ》りかたをしますが、雪《ゆき》あられは大雪《おおゆき》の前《まえ》に降《ふ》ることが多《おお》いです。

雪《ゆき》あられ（東京都《とうきょうと》）

東京都《とうきょうと》

ひょう

「ひょう」は、春《はる》から夏《なつ》のはじめに降《ふ》ることが多《おお》いです。積乱雲《せきらんうん》の中《なか》で氷《こおり》の粒《つぶ》が何度《なんど》もあがったりさがったりしたあと、大《おお》きくなって降《ふ》ってきたものです。氷《こおり》が大《おお》きいので、とけきれずに降《ふ》ってきて、農《のう》作物《さくぶつ》や人家《じんか》に被害《ひがい》が出《で》ます。ピンポン球《だま》やみかんほどの大《おお》きさのものは、とてもスピードが速《はや》く危険《きけん》です。

●ひょうのできかた

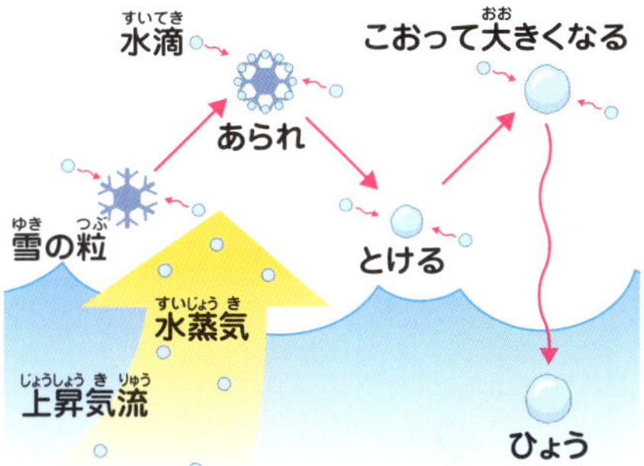
水滴《すいてき》
こおって大《おお》きくなる
あられ
雪《ゆき》の粒《つぶ》
とける
水蒸気《すいじょうき》
上昇気流《じょうしょうきりゅう》
ひょう

ひょうは、氷《こおり》の粒《つぶ》が強《つよ》い上昇気流《じょうしょうきりゅう》によって積乱雲《せきらんうん》の中《なか》で何度《なんど》もあがったりさがったりして、大《おお》きくなって降《ふ》ってきたものです。

●雨《あめ》と雪《ゆき》とみぞれ

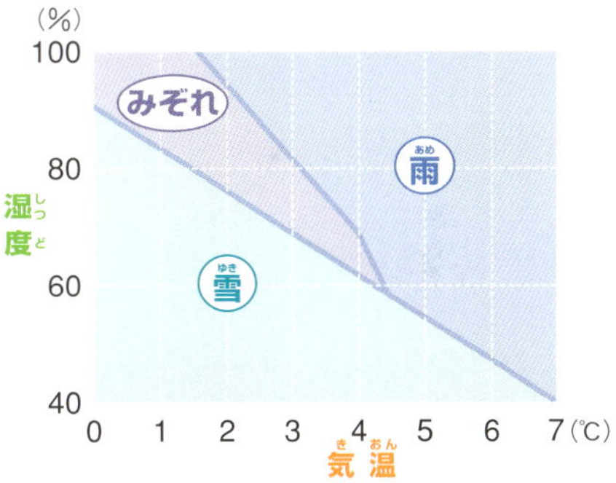
（%）
100
80
60
40
湿《しつ》度《ど》
みぞれ
雨《あめ》
雪《ゆき》
0 1 2 3 4 5 6 7（℃）
気《き》温《おん》

気温《きおん》が0～7℃のときに、雨《あめ》、雪《ゆき》、みぞれのいずれかを温度《おんど》と湿度《しつど》の違《ちが》いで判断《はんだん》します。

虫《むし》めがねなどで拡大《かくだい》してスケッチしよう。また、あられやひょうが降《ふ》ったときの気温《きおん》などを記録《きろく》しよう。

もっと調《しら》べてみよう

気温《きおん》によるちがいを調《しら》べる

みぞれや雪《ゆき》が降《ふ》っているときに、気温《きおん》を測《はか》ってみるとおもしろいでしょう。つめたい空《そら》から降《ふ》ってくるので、気温《きおん》が0℃より高《たか》くてもとけないまま降《ふ》ってきます。また、気温《きおん》が0℃より低《ひく》いと雪《ゆき》の降《ふ》りかたが変《か》わります。

ひょうを観察《かんさつ》する

降《ふ》ってきたひょうを観察《かんさつ》してみましょう。形《かたち》はまるいか、透《す》きとおっているか、表面《ひょうめん》はどんな感《かん》じか、そしてわって中《なか》の様子《ようす》を見《み》てみましょう。年輪《ねんりん》のようなしまもようがあるかもしれません。

7 雪《ゆき》の結《けっ》しょうはいつ、どのようにできる？

知《し》りたい 雪《ゆき》の粒《つぶ》をよく見《み》ると、きれいな結《けっ》しょうが見《み》られるときがあります。雪《ゆき》の結《けっ》しょうはいつ見《み》られ、どのようにしてできるのでしょうか？

結《けっ》しょうがくっついた雪《ゆき》

白《しろ》い粒《つぶ》に見《み》える雪《ゆき》も、近《ちか》くで見《み》ると複雑《ふくざつ》な形《かたち》をしているんだね。

結《けっ》しょうのまま降《ふ》ってきた雪《ゆき》

雪《ゆき》の結《けっ》しょうの見《み》つけかた

降《ふ》り積《つ》もった雪《ゆき》をよく見《み》てみましょう。雪《ゆき》の結《けっ》しょうがありませんか？ 気温《きおん》が高《たか》いと雪《ゆき》がくっついたり、雲《くも》の水滴《すいてき》がこおりついたりして、結《けっ》しょうがよくわかりません。気温《きおん》が低《ひく》い粉雪《こなゆき》のときには、結《けっ》しょうがよくわかります。粉雪《こなゆき》を虫《むし》めがねなどで観察《かんさつ》してみましょう。

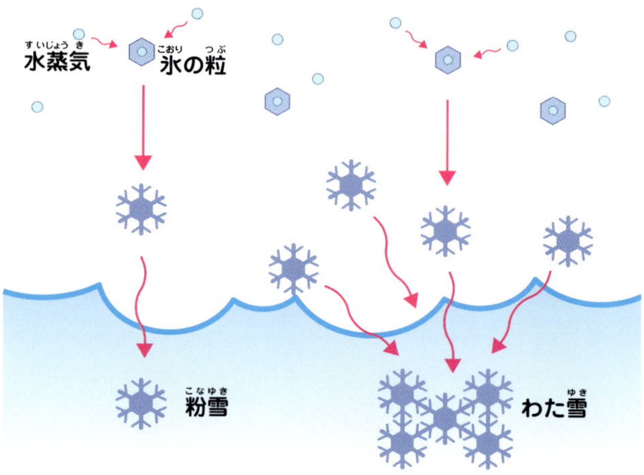
水蒸気《すいじょうき》
氷《こおり》の粒《つぶ》
粉雪《こなゆき》
わた雪《ゆき》

わた雪《ゆき》は結《けっ》しょうがからんで降《ふ》ってくるが、粉雪《こなゆき》は結《けっ》しょうのまま降《ふ》ってくる。

観察《かんさつ》してみよう 雪《ゆき》の結《けっ》しょうを観察《かんさつ》しよう

雪《ゆき》が降《ふ》ってきたら、結《けっ》しょうが入《はい》っていないか見《み》てみましょう。気温《きおん》が低《ひく》いときに降《ふ》るさらさらした雪《ゆき》に、結《けっ》しょうは見《み》られることが多《おお》いです。目《め》で見《み》てもわかりますが、虫《むし》めがねやルーペがあるといいでしょう。また、デジタルカメラでとるのもおすすめです。服《ふく》や黒《くろ》い布《ぬの》に受《う》けた雪《ゆき》がとけないうちに、すばやく観察《かんさつ》しましょう。

用意《ようい》するもの

●黒《くろ》い布《ぬの》

●虫《むし》めがね
またはルーペ

●記録《きろく》ノート

1

雪《ゆき》が降《ふ》ってきたら黒《くろ》い布《ぬの》などで受《う》ける。

2

虫《むし》めがねやルーペで雪《ゆき》を観察《かんさつ》する。

3

記録《きろく》ノートに、結《けっ》しょうの形《かたち》をスケッチし、気温《きおん》と湿度《しつど》を記入《きにゅう》する。

記録《きろく》ノートのまとめかた

結《けっ》しょうのスケッチとともに、観察《かんさつ》した日時《にちじ》、気温《きおん》、湿度《しつど》、場所《ばしょ》を記録《きろく》し、感想《かんそう》も書《か》き入《い》れるとよいでしょう。

この観察《かんさつ》でわかること

6本《ぼん》の枝《えだ》が出《で》る結《けっ》しょうや、6枚《まい》の花《はな》びらのような結《けっ》しょう、六角形《ろっかくけい》の板《いた》の結《けっ》しょう、針《はり》のような結《けっ》しょうなどさまざまなものがあります。雪《ゆき》の結《けっ》しょうができるときの気温《きおん》や湿度《しつど》がちがったために、いろいろな形《かたち》になったのです。

POINT デジタルカメラでとる

最近《さいきん》のデジタルカメラには、マクロ機能《きのう》がついていて、すぐ近《ちか》くのものをとることができるものがあります。また、けんび鏡《きょう》などで見《み》てもおもしろいでしょう。天気《てんき》や気温《きおん》、湿度《しつど》などといっしょに記録《きろく》するといいですね。

8 雪《ゆき》の結《けっ》しょうはつくれる？

知《し》りたい 人工雪《じんこうゆき》を降《ふ》らせているスキー場《じょう》もあります。
きれいな雪《ゆき》の結《けっ》しょうを自分《じぶん》でつくることはできるのでしょうか？

これが人工的《じんこうてき》につくった雪《ゆき》の結《けっ》しょう？ どうすればつくれるの？

ペットボトルの中《なか》の雪《ゆき》の結《けっ》しょう

雪《ゆき》の結《けっ》しょうができるしくみ

雪《ゆき》の結《けっ》しょうは、空気中《くうきちゅう》の目《め》に見《み》えない水蒸気《すいじょうき》が空中《くうちゅう》で氷《こおり》になったものです。地面《じめん》につく霜《しも》とは、できる場所《ばしょ》がちがいます。大《おお》きな枝《えだ》のある結《けっ》しょうは、気温《きおん》が－15℃前後《ぜんご》でしめった状態《じょうたい》のときにできやすいといわれています。それよりも温度《おんど》が低《ひく》いときや高《たか》いときは、板状《いたじょう》や針状《はりじょう》などになるようです。

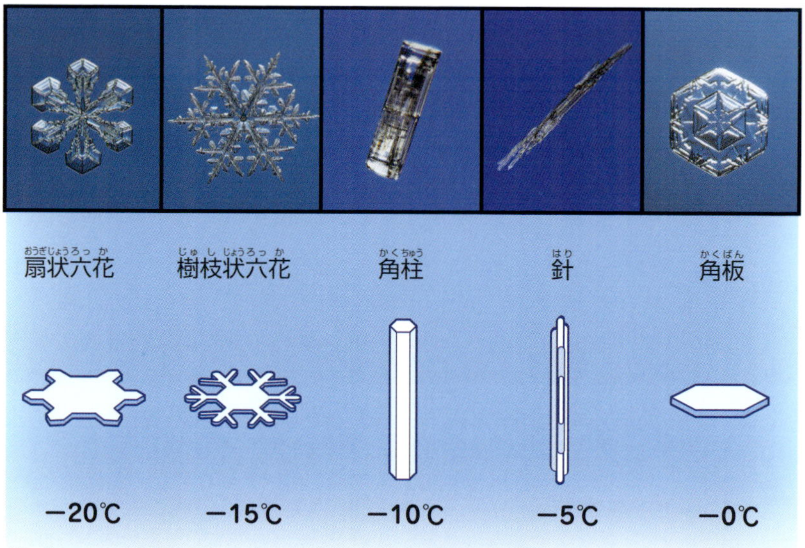
扇状六花《おうぎじょうろっか》
樹枝状六花《じゅしじょうろっか》
角柱《かくちゅう》
針《はり》
角板《かくばん》
－20℃
－15℃
－10℃
－5℃
－0℃

雪《ゆき》の結《けっ》しょうの形《かたち》とできるときの温度《おんど》の目安《めやす》（湿度《しつど》が高《たか》い場合《ばあい》）　撮影：吉田六郎

実《じっ》験《けん》してみよう　雪《ゆき》の結《けっ》しょうをつくる実験《じっけん》（平松式人工雪発生装置《ひらまつしきじんこうゆきはっせいそうち》）

雲《くも》の中《なか》で起《お》こっている雪《ゆき》の結《けっ》しょうの成長《せいちょう》を、ペットボトルの中《なか》で見《み》ることができます。空《そら》の高《たか》い場所《ばしょ》の寒《さむ》い状《じょう》きょうをドライアイスと容器《ようき》でつくり、細《ほそ》いつり糸《いと》を結《けっ》しょうのしんにして、数十分《すうじゅっぷん》かけて雪《ゆき》の結《けっ》しょうが成長《せいちょう》する様子《ようす》を観察《かんさつ》します。

用《よう》意《い》するもの

- ●ふたつきの発《はっ》ぽうスチロールの容器《ようき》
- ●カッター
- ●500ml《ミリリットル》のペットボトル
- ●細《ほそ》いつり糸《いと》
- ●おもり（消《け》しゴムなど）
- ●セロハンテープ
- ●ドライアイス（2kg《キログラム》程度《ていど》）
- ●ペンライト
- ●温度計《おんどけい》
- ●軍手《ぐんて》

ドライアイスはとてもつめたいので、素手《すで》でさわらずに軍手《ぐんて》などを用《もち》いること。ドライアイスは密閉《みっぺい》した容器《ようき》に入《い》れると危険《きけん》なので、ペットボトルには入《い》れない！

1

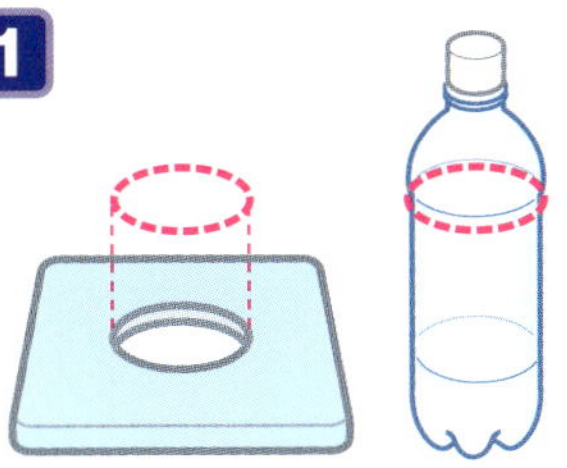

発《はっ》ぽうスチロールの容器《ようき》のふたに、ペットボトルと同《おな》じ太《ふと》さの穴《あな》をカッターであける。

2

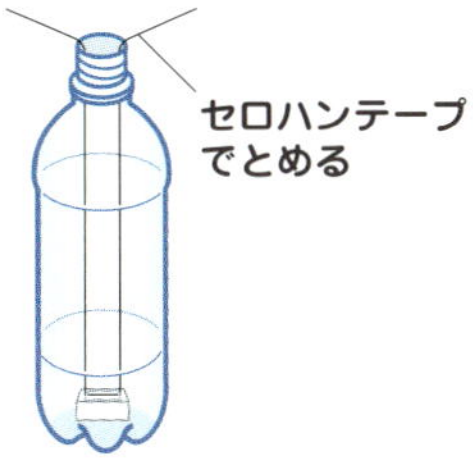

ペットボトルの中《なか》に、おもりのついた細《ほそ》い糸《いと》を底《そこ》までまっすぐにセットする。

3

ペットボトルに、息《いき》をたくさん吹《ふ》きこんでからセロハンテープでふたをする。

4

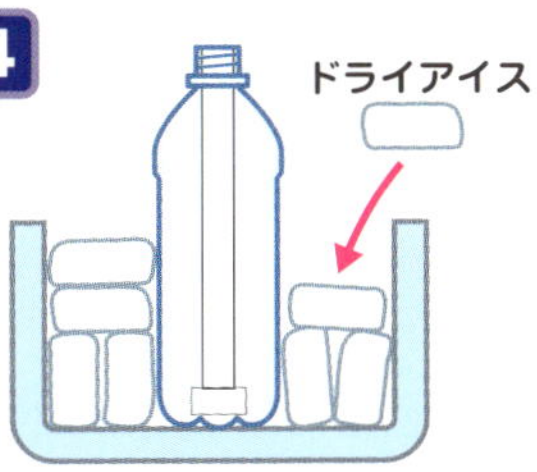

容器《ようき》のまん中《なか》にペットボトルを置《お》き、まわりにくだいたドライアイスをまんべんなく入《い》れる。

5

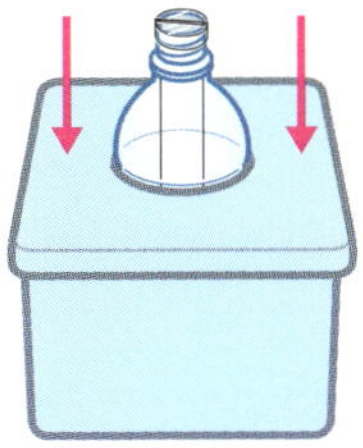

容器《ようき》のふたをして数十分間置《すうじゅっぷんかんお》くと、たらしたつり糸《いと》の一部《いちぶ》に大《おお》きな雪《ゆき》の結《けっ》しょうができる。雪《ゆき》の結《けっ》しょうはペンライトの光《ひかり》を当《あ》てるとよくわかる。

6

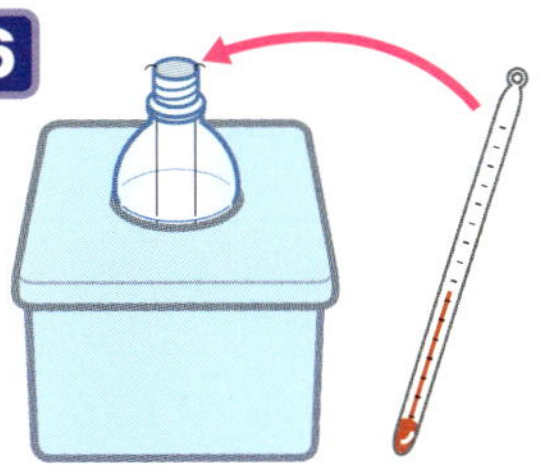

ペットボトルに温度計《おんどけい》をさしこんで、雪《ゆき》の結《けっ》しょうができた場所《ばしょ》の温度《おんど》を記録《きろく》する。

この実験《じっけん》でわかること

ドライアイスによってペットボトルの下部《かぶ》は−30℃以下《いか》まで温度《おんど》がさがり、上部《じょうぶ》は気温《きおん》に近《ちか》い温度《おんど》となります。その間《あいだ》の−15℃程度《ていど》の場所《ばしょ》で、雪《ゆき》の結《けっ》しょうは大《おお》きく成長《せいちょう》します。ペンライトの光《ひかり》でくわしく観察《かんさつ》すると、雪《ゆき》の結《けっ》しょうには、つり糸《いと》から対称《たいしょう》にたくさんの枝《えだ》がついていることがわかります。そのつり糸《いと》の上下《じょうげ》の部分《ぶぶん》には、小《ちい》さな雪《ゆき》の結《けっ》しょうもついています。

もっと調《しら》べてみよう

容器《ようき》や糸《いと》を変《か》えて実験《じっけん》してみる

容器《ようき》の大《おお》きさやつり糸《いと》でないもの（毛《け》など）で、いろいろやってみるとおもしろいでしょう。冷《れい》とう庫《こ》を−30℃程度《ていど》に冷《ひ》やせば、その中《なか》でもできます。

9 雪《ゆき》の結《けっ》しょうはどのように降《ふ》る？

知《し》りたい 雪《ゆき》の結《けっ》しょうにはいろいろな形《かたち》があります。
形《かたち》によって降《ふ》りかたにちがいがあるのでしょうか？

雪《ゆき》の結《けっ》しょうをおり紙《かみ》でつくって、雪《ゆき》の降《ふ》りかたを再《さい》現《げん》してみよう。

●雪《ゆき》の結《けっ》しょうの型紙《かたがみ》（例《れい》）

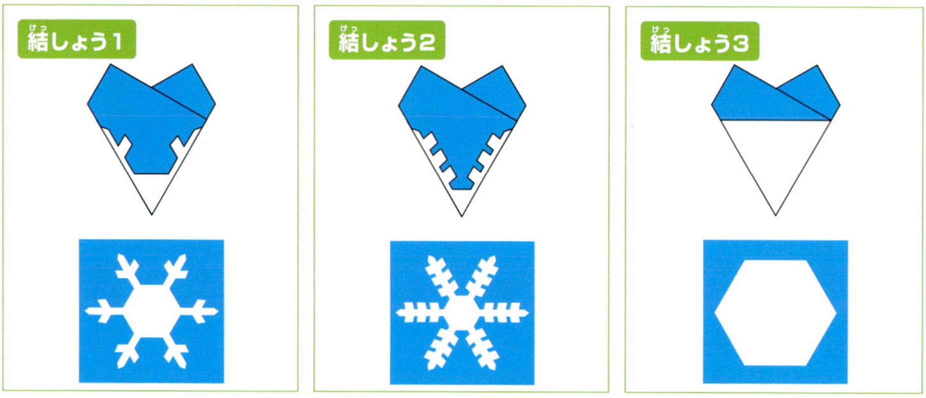
結《けっ》しょう1
結《けっ》しょう2
結《けっ》しょう3

左《ひだり》の型紙《かたがみ》をおり紙《がみ》にあわせてコピーして、43ページの**4**までおったおり紙《がみ》にクリップでつけ、もようにそってはさみで切《き》り取《と》る。型紙《かたがみ》をはがして平《たい》らに広《ひろ》げると、雪《ゆき》の結《けっ》しょうの完《かん》成《せい》。このほかにも結《けっ》しょうの種類《しゅるい》はある。

雪《ゆき》の結《けっ》しょうの降《ふ》りかた

雪《ゆき》の結《けっ》しょうのほとんどは平《ひら》たい形《かたち》をしているので、木《こ》の葉《は》のように横《よこ》を向《む》いて落《お》ちてくることが予想《よそう》されます。そして雨《あめ》よりもかなりゆっくりと、ゆれながら落《お》ちてくるでしょう。雪《ゆき》の結《けっ》しょうが降《ふ》っているときに見《み》える太陽柱《たいようちゅう》は、雪《ゆき》の結《けっ》しょうの降《ふ》りかたの影響《えいきょう》で、太陽《たいよう》の上《うえ》と下《した》に見《み》られます。

太陽柱《たいようちゅう》

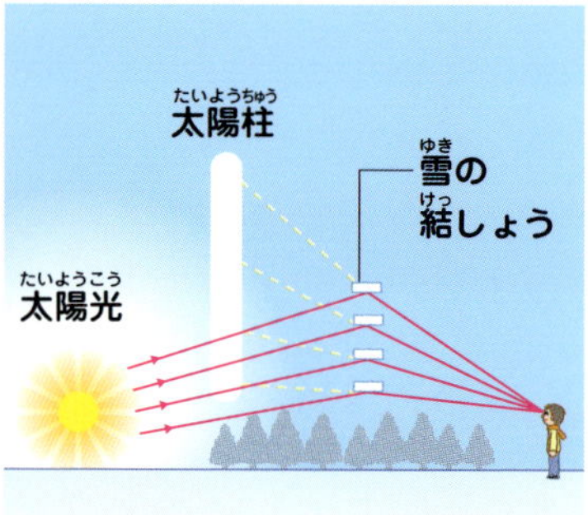
太陽柱《たいようちゅう》
雪《ゆき》の結《けっ》しょう
太陽光《たいようこう》

実《じっ》験《けん》してみよう おり紙《がみ》の雪《ゆき》の結《けっ》しょうを降《ふ》らせよう

複雑《ふくざつ》な雪《ゆき》の結《けっ》しょうの形《かたち》を、おり紙《がみ》でかんたんにつくることができます。おり紙《がみ》でつくったいろいろな形《かたち》の雪《ゆき》の結《けっ》しょうを高《たか》いところから降《ふ》らせましょう。本物《ほんもの》の雪《ゆき》のようにひらひらとまい、結《けっ》しょうの形《かたち》で降《ふ》りかたがちがうことがわかります。

用《よう》意《い》するもの

- おり紙《がみ》
- 雪《ゆき》の結《けっ》しょうの型紙《かたがみ》（おり紙《がみ》にあわせて拡大《かくだい》コピーする）
- クリップ（または、はがれるのり）
- はさみ（またはカッター）

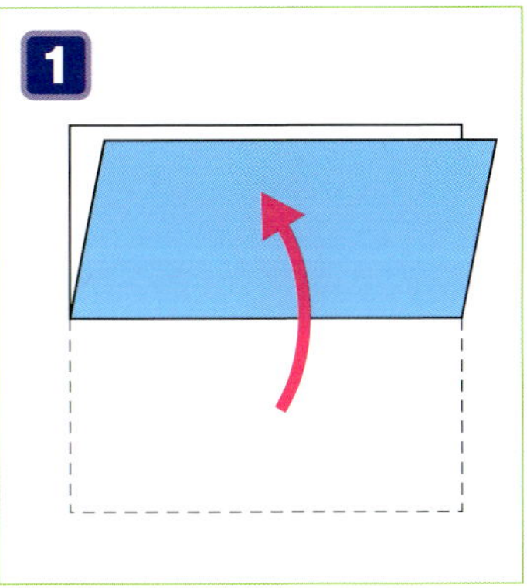
1
おり紙《がみ》を半分《はんぶん》におる。

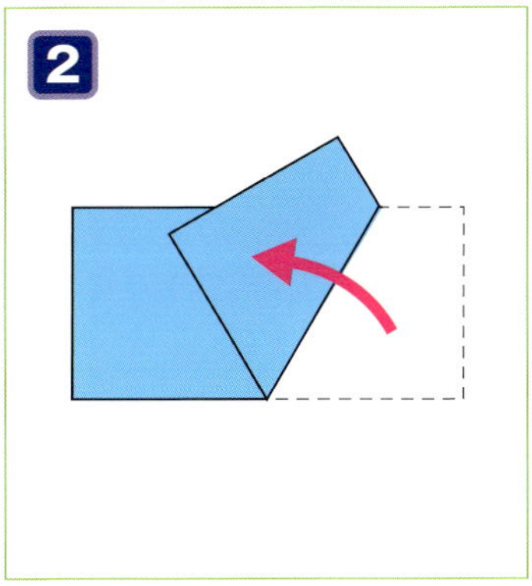
2
1辺《へん》を60°内側《うちがわ》におる。

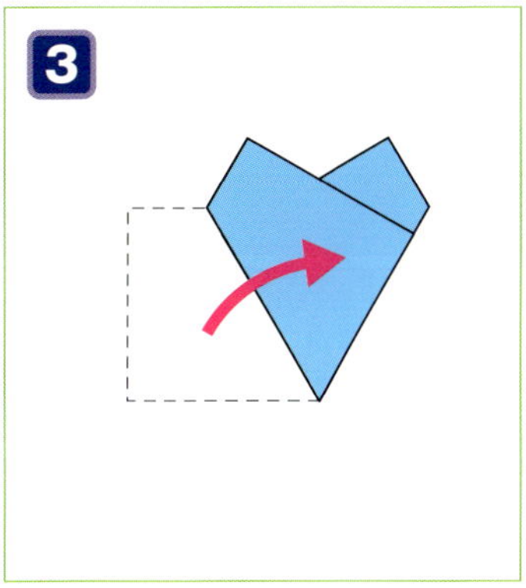
3
反対《はんたい》の辺《へん》も60°内側《うちがわ》におる。

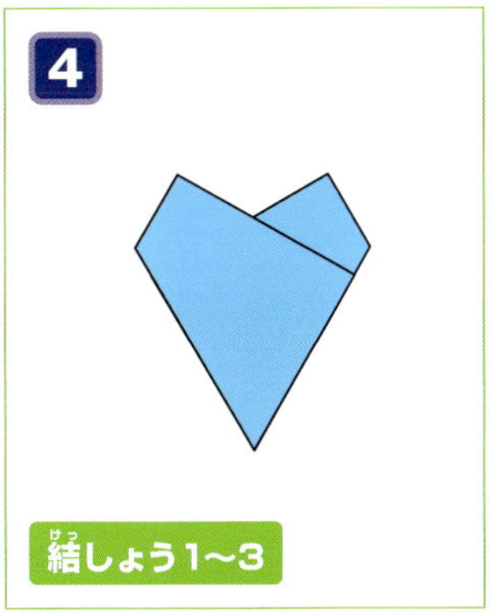
4
結《けっ》しょう1～3
結《けっ》しょう1～3は、このあと42ページの型紙《かたがみ》を使《つか》って切《き》り抜《ぬ》くと完成《かんせい》。

5
形《かたち》のちがう結《けっ》しょうを高《たか》い場《ば》所《しょ》から落《お》とすと、それぞれちがった動《うご》きで落下《らっか》していく。

本《ほん》やインターネットで調《しら》べれば、いろいろな雪《ゆき》の結《けっ》しょうをつくることができるよ。

どの形《かたち》がどのような落《お》ちかたをするか、表《ひょう》にまとめてみよう。

この実《じっ》験《けん》でわかること

大《おお》きさによって落下《らっか》する速《はや》さが決《き》まる雨粒《あまつぶ》とちがって、雪《ゆき》の結《けっ》しょうは形《かたち》によって降《ふ》りかたが決《き》まります。空気《くうき》の抵抗《ていこう》のために降《ふ》りかたはとてもゆっくりで、実際《じっさい》に降《ふ》っている雪《ゆき》も、高《たか》い雲《くも》からかなり時間《じかん》をかけて降《ふ》ってきたことが予想《よそう》されます。

もっと調《しら》べてみよう

結《けっ》しょう同士《どうし》がくっついている場合《ばあい》の降《ふ》りかたを調《しら》べる

実際《じっさい》の雪《ゆき》は結《けっ》しょう同士《どうし》がくっついていたり、小《ち》さな氷《こおり》の粒《つぶ》がたくさんついていたりします。その場合《ばあい》の降《ふ》りかたも実験《じっけん》してみましょう。

第《だい》2章《しょう》 雨《あめ》や雪《ゆき》を観察《かんさつ》しよう

10 ダイヤモンドダストはどのようにできる？

知《し》りたい 空《そら》にきらきらと光《ひか》って降《ふ》ってくるダイヤモンドダストを、実験《じっけん》でつくることはできないでしょうか。

わー、きれい。まるで宝石《ほうせき》が空《そら》にまっているみたい。
この現象《げんしょう》は、散《ち》らばったダイヤモンドがかがやいているように見《み》えることから、「ダイヤモンドダスト」と呼《よ》ばれるんだ。

天然《てんねん》のダイヤモンドダスト（栃木県日光市《とちぎけんにっこうし》）

ダイヤモンドダストのできかた

ダイヤモンドダストは、空中《くうちゅう》で水蒸気《すいじょうき》が小《ちい》さな氷《こおり》になって降《ふ》ってくるものです。雲《くも》から降《ふ》る雪《ゆき》とちがって、晴《は》れた空《そら》から降《ふ》ることが多《おお》く、空中《くうちゅう》で太陽《たいよう》の光《ひかり》を受《う》けてきらきらとかがやきます。プリズムのようにさまざまな色《いろ》がついて見《み》えることもあります。−10℃程度《ていど》の気温《きおん》の低《ひく》い場所《ばしょ》で見《み》られます。

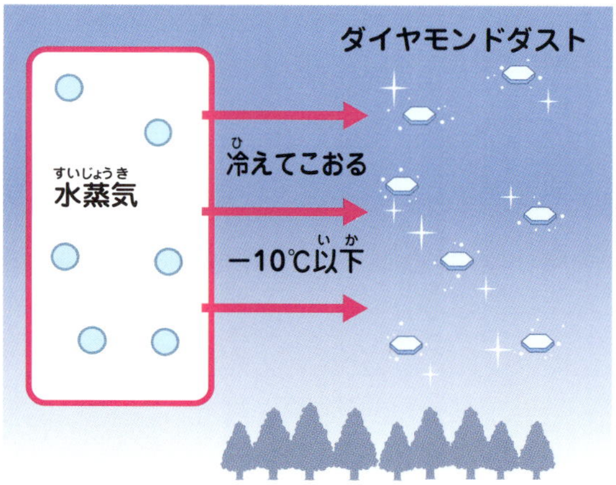
ダイヤモンドダスト
水蒸気《すいじょうき》
冷《ひ》えてこおる
−10℃以下《いか》

ダイヤモンドダストの正体《しょうたい》は、水蒸気《すいじょうき》や小《ちい》さな水滴《すいてき》が小《ちい》さな氷《こおり》（角張《かくば》った形《かたち》）になって浮《う》かんでいるもの。

実験《じっけん》してみよう　ダイヤモンドダストをつくろう

−20℃程度《ていど》まで気温《きおん》をさげることができる冷《れい》とう庫《こ》で、ダイヤモンドダストがつくれます。ダイヤモンドダストは、とても小《ちい》さな氷《こおり》の粒《つぶ》が空気中《くうきちゅう》に浮《う》かんでいるものです。黒《くろ》い布《ぬの》や紙《かみ》を下《した》に置《お》き、懐中電灯《かいちゅうでんとう》などで照《て》らしながら観察《かんさつ》するとよいでしょう。

用意《ようい》するもの

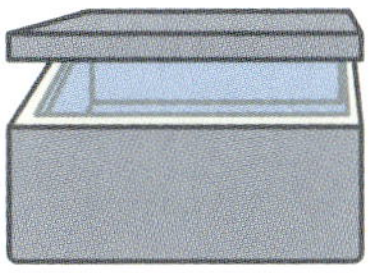

●ふたが上《うえ》についた冷《れい》とう庫《こ》

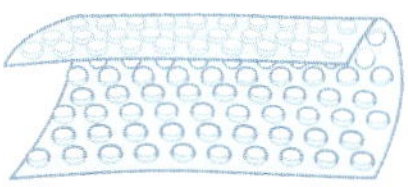

●気《き》ほうシート

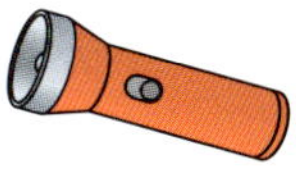

●懐中電灯《かいちゅうでんとう》

1

冷《れい》とう庫《こ》の中《なか》に息《いき》をたくさん吹《ふ》きこみ、こおらない霧《きり》（小《ちい》さな水滴《すいてき》）をたくさんつくる。

2

その霧《きり》の中《なか》で、気《き》ほうシートを勢《いきお》いよくわる。

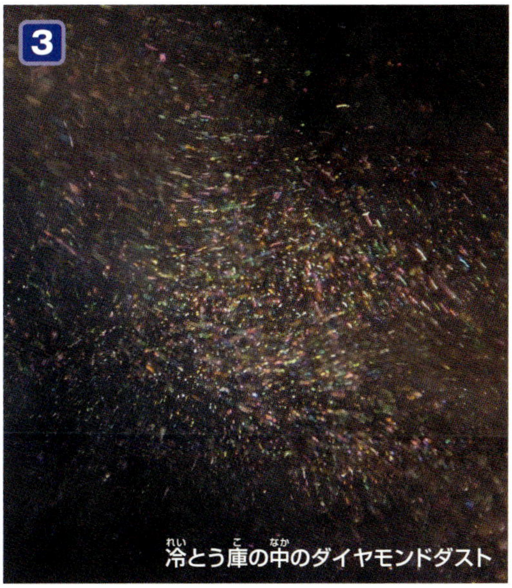

3

冷《れい》とう庫《こ》の中《なか》のダイヤモンドダスト

しょうげきで水滴《すいてき》がこおり、ダイヤモンドダストができる。次《つぎ》つぎと広《ひろ》がって霧《きり》とちがった動《うご》きをする。

部屋《へや》を暗《くら》くして懐中電灯《かいちゅうでんとう》の光《ひかり》を当《あ》てるとよく見《み》えるよ。

この実験《じっけん》でわかること

自然《しぜん》の中《なか》で、どのようにして小《ちい》さな水滴《すいてき》がこおり、ダイヤモンドダストになるのかは、はっきりとはわかっていません。しかし実験《じっけん》では、音《おと》のしょうげきによって水滴《すいてき》がこおります。氷《こおり》は球形《きゅうけい》ではなく角張《かくば》った形《かたち》になり、表面《ひょうめん》で光《ひかり》が反射《はんしゃ》したり、中《なか》で屈折《くっせつ》して、さまざまな色《いろ》が見《み》られます。実際《じっさい》の空《そら》では雲《くも》や空気中《くうきちゅう》の水蒸気《すいじょうき》からできます。

POINT

ダイヤモンドダストができやすい状態《じょうたい》

ダイヤモンドダストは北海道《ほっかいどう》や標高《ひょうこう》の高《たか》いところなどで、−10℃前後《ぜんご》に冷《ひ》えこんだ朝《あさ》に見《み》られることが多《おお》いです。川《かわ》や温泉《おんせん》など水蒸気《すいじょうき》の多《おお》い場所《ばしょ》、あるいは空気《くうき》が多少《たしょう》よごれた街中《まちなか》で起《お》こりやすくなります。また、ドライアイスなどを使《つか》って人工的《じんこうてき》につくることもおこなわれています。さまざまな例《れい》を探《さが》してみるとよいでしょう。

11 露《つゆ》や霜《しも》はどんなときにできる？

知《し》りたい 夏《なつ》の終《お》わりころの早朝《そうちょう》、草《くさ》につく露《つゆ》。冬《ふゆ》の寒《さむ》い朝《あさ》には地面《じめん》に霜《しも》がよく見《み》られます。露《つゆ》と霜《しも》はどのようなときにできるのでしょうか？

葉《は》についた露《つゆ》
千葉県《ちばけん》

枯《か》れ草《くさ》についた霜《しも》
千葉県《ちばけん》

ガラスについた霜《しも》
北海道《ほっかいどう》

クモの巣《す》についた露《つゆ》
千葉県《ちばけん》
露《つゆ》や霜《しも》は、雨《あめ》や雪《ゆき》からできるのではないんだ。じつは水蒸《すいじょう》気《き》が関係《かんけい》しているんだよ。

露《つゆ》と霜《しも》のできかた

露《つゆ》と霜《しも》は、どちらも空気中《くうきちゅう》の目《め》に見《み》えない水蒸気《すいじょうき》が、小《ちい》さな水滴《すいてき》や氷《こおり》の粒《つぶ》になったものです。気温《きおん》がさがると、空気中《くうきちゅう》にふくみきれなくなった水蒸気《すいじょうき》が変化《へんか》して、露《つゆ》や霜《しも》になるのです。そのため、気《き》温《おん》がさがる朝《あさ》やつめたい物《もの》のまわりにできることが多《おお》いです。

露《つゆ》
水蒸気《すいじょうき》
窓《まど》の表面《ひょうめん》が
0℃以上《いじょう》

夜《よる》、外《そと》の気温《きおん》がさがり、窓《まど》ガラスの表面《ひょうめん》が冷《ひ》えると、室内《しつない》の水蒸気《すいじょうき》がついて露《つゆ》となる。

霜《しも》
窓《まど》の表面《ひょうめん》が
0℃以下《いか》

窓《まど》ガラスの表面《ひょうめん》が0℃以下《いか》の場合《ばあい》は、ガラスにふれた水蒸気《すいじょうき》はこおって霜《しも》となる。

実《じっ》験《けん》してみよう　露《つゆ》と霜《しも》をつくろう

つめたい水《みず》が入《はい》ったコップのまわりに水滴《すいてき》がたくさんついていることがあります。これは、空気中《くうきちゅう》の水《すい》蒸気《じょうき》からできた露《つゆ》で、気温《きおん》が高《たか》くしめっている夏《なつ》にできやすいです。氷点下《ひょうてんか》（0℃以下《いか》）では、空気中《くうきちゅう》の水蒸気《すいじょうき》が霜《しも》となっていろいろなところにつきま

用《よう》意《い》するもの

露《つゆ》のつくりかた

- コップ
- つめたい水《みず》

霜《しも》のつくりかた

- 葉《は》
- 容器《ようき》
- 冷《れい》とう庫《こ》
- 台《だい》になるもの（コップなど）

露《つゆ》のつくりかた

1

つめたい水《みず》を入《い》れたコップを部屋《へや》に置《お》いておく。

2

空気中《くうきちゅう》の水蒸気《すいじょうき》が多《おお》い夏《なつ》などは特《とく》に、コップのまわりにたくさんの小《ちい》さな水滴《すいてき》がつく。

霜《しも》のつくりかた

1

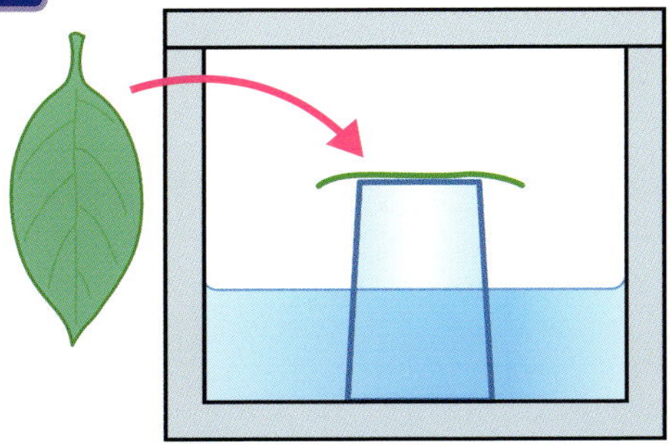

容器《ようき》の中《なか》に水《みず》を入《い》れ、コップを逆《さか》さまに置《お》く。葉《は》を水面《すいめん》につかないようにするために、コップの底《そこ》にのせて、冷《れい》とう庫《こ》に入《い》れる。

2

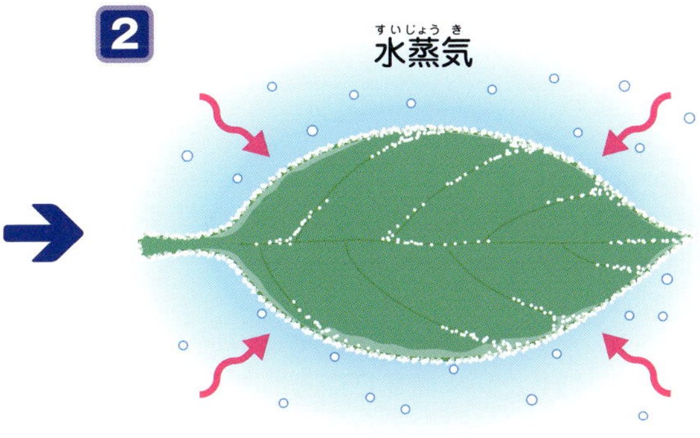

しばらくすると、葉《は》のまわりに霜《しも》がつく。

0℃以下《いか》では、水蒸気《すいじょうき》は水《みず》ではなく氷《こおり》になろうとします。

この実《じっ》験《けん》でわかること

空気中《くうきちゅう》の水蒸気《すいじょうき》が露《つゆ》や霜《しも》になったことがわかります。露《つゆ》は、コップの中《なか》の水《みず》が外側《そとがわ》についてできたわけではありません。霜《しも》の場合《ばあい》は、物《もの》によってなかなかつかないことがあります。

もっと調《しら》べてみよう

露《つゆ》や霜《しも》ができる場所《ばしょ》とできない場所《ばしょ》をくらべる

自然《しぜん》の中《なか》で露《つゆ》や霜《しも》は屋根《やね》のある場所《ばしょ》ではあまりつきません。樹木《じゅもく》のまわりにもつきにくく、畑《はたけ》など平《たい》らな広《ひろ》い場所《ばしょ》でよく見《み》られます。この理由《りゆう》を調《しら》べてみましょう。

12 霜柱《しもばしら》はどのようにできる？

知《し》りたい 冬《ふゆ》の冷《ひ》えこんだ朝《あさ》、霜柱《しもばしら》で地面《じめん》がでこぼこになっていることがあります。霜柱《しもばしら》はどのようにしてできるのでしょうか？

霜柱《しもばしら》のいい写真《しゃしん》がとれたよ。今日《きょう》は霜柱《しもばしら》について学《まな》ぼう。

霜柱《しもばしら》（千葉県《ちばけん》）

霜柱《しもばしら》のできかた

霜《しも》は空気中《くうきちゅう》の水蒸気《すいじょうき》がこおったものですが（→P.46）、霜柱《しもばしら》は地中《ちちゅう》の水分《すいぶん》がこおってできたものです。水《みず》にはせまい場所《ばしょ》をのぼっていく性質《せいしつ》があります。冬《ふゆ》、気温《きおん》のさがった夜《よる》には、水分《すいぶん》が地表近《ちひょうちか》くでこおって氷《こおり》になることがあります。そこへ水分《すいぶん》が次《つぎ》つぎとのぼってくると、地表近《ちひょうちか》くの氷《こおり》は押《お》しあげられ、霜柱《しもばしら》ができます。気温《きおん》が0℃前後《ぜんご》で、土《つち》と水分《すいぶん》の条件《じょうけん》がそろうと霜柱《しもばしら》はできます。

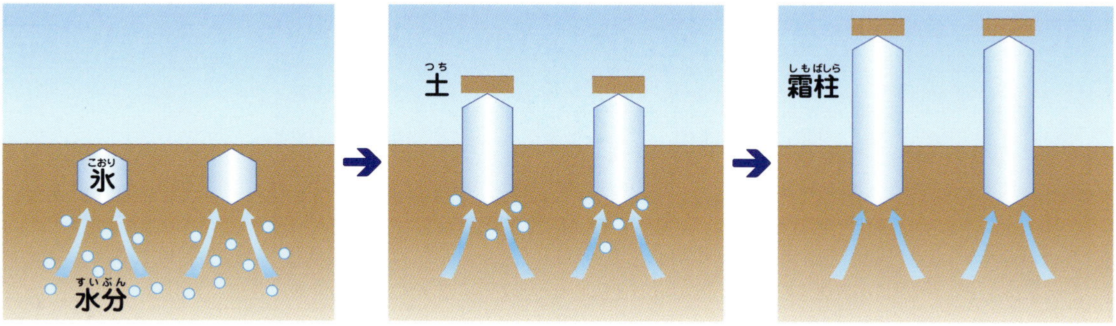
氷《こおり》
水分《すいぶん》
土《つち》
霜柱《しもばしら》

気温《きおん》が0℃前後《ぜんご》になり、地表近《ちひょうちか》くの水分《すいぶん》が氷《こおり》になる。

地中《ちちゅう》の水分《すいぶん》がのぼり、地表近《ちひょうちか》くの氷《こおり》を押《お》しあげてこおる。

地中《ちちゅう》の水分《すいぶん》が次《つぎ》つぎにのぼってこおり、霜柱《しもばしら》ができる。

実《じっ》験《けん》してみよう　霜柱《しもばしら》をつくろう

冷《れい》とう庫《こ》の中《なか》で霜柱《しもばしら》を数時間《すうじかん》でつくることができます。発《はっ》ぽうスチロールの容器《ようき》に入《い》れた土《つち》に、水《みず》を加《くわ》えてしめらせます。容器《ようき》にふたをしないで冷《れい》とう庫《こ》の中《なか》に入《い》れておくと、氷《こおり》といっしょに表面《ひょうめん》の土《つち》が生《い》き物《もの》のように上《うえ》へのびていきます。

用《よう》意《い》するもの

- 発《はっ》ぽうスチロールの容器《ようき》
- 水《みず》
- 小《ちい》さな粒《つぶ》の土《つち》
- 冷凍庫《れいとうこ》

1

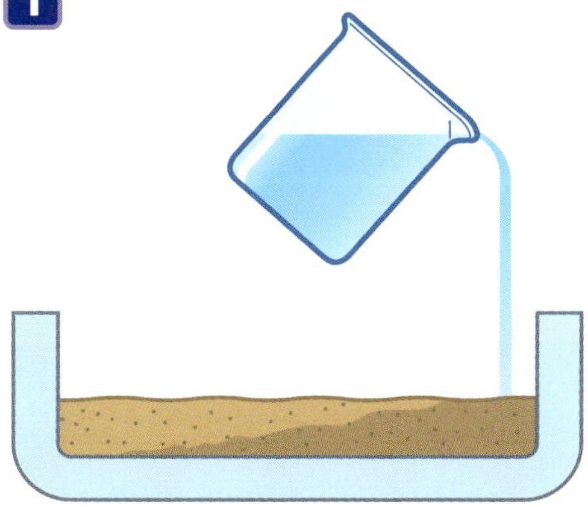

発《はっ》ぽうスチロールの容器《ようき》に土《つち》を入《い》れ、土全《つちぜん》体《たい》にしみこむようにたっぷりと水《みず》を入《い》れる。

2

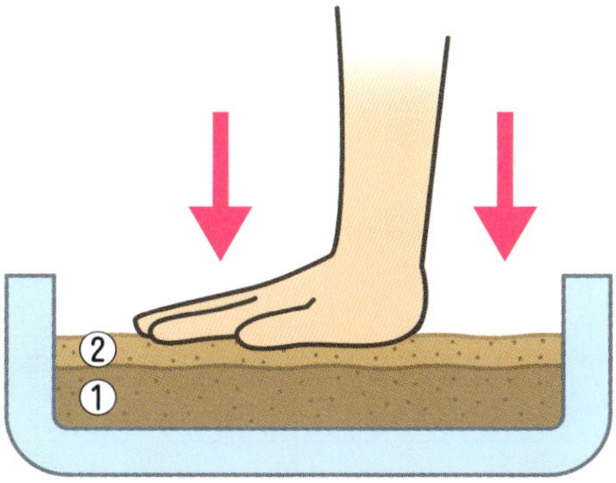

土《つち》を少《すこ》しかぶせて、上《うえ》からしっかりおして平《たい》らにする。

3

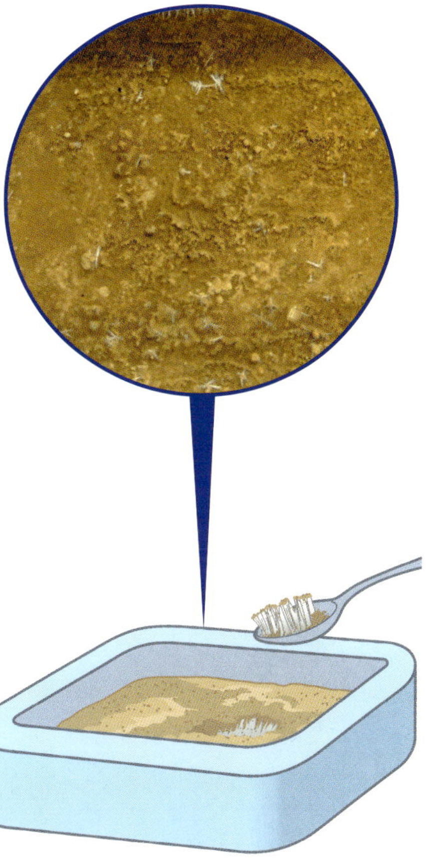

ふたをしないで冷《れい》とう庫《こ》に入《い》れ、しばらくして容器《ようき》ごと取《と》り出《だ》す。上《うえ》から見《み》たり、スプーンですくったりして観察《かんさつ》する。

この実験《じっけん》でわかること

地中《ちちゅう》の水分《すいぶん》が土《つち》の間《あいだ》を通《とお》って地表《ちひょう》近《ちか》くでこおり、霜柱《しもばしら》を成長《せいちょう》させたことがわかります。平《たい》らだった表面《ひょうめん》は、霜柱《しもばしら》ができたことによってでこぼこになります。しばらく冷《れい》とう庫《こ》に入《い》れておくと容器《ようき》の下《した》までこおります。これは「凍土《とうど》」という状態《じょうたい》です。

もっと調《しら》べてみよう

霜柱《しもばしら》ができやすい土《つち》や温度《おんど》を調《しら》べる

霜柱《しもばしら》はどのような土《つち》にできやすいのでしょうか。また、気温《きおん》が何《なん》℃くらいのときにできるのでしょうか。

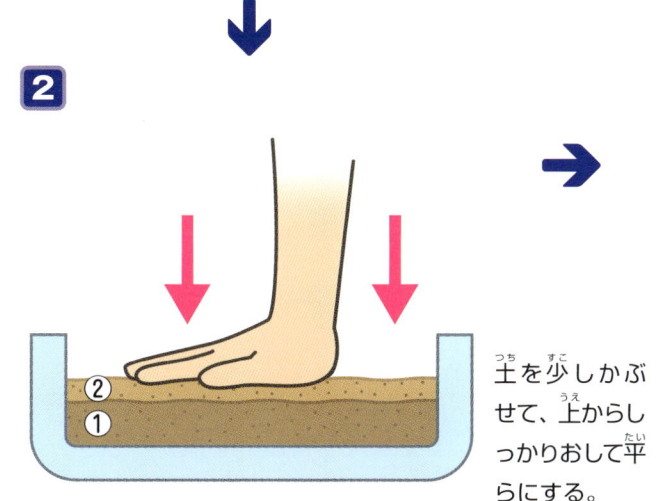

お天気《てんき》コラム vol.2

空《そら》の写真《しゃしん》をとるには

空《そら》の撮影《さつえい》で気《き》をつけたいこと

空《そら》の写真《しゃしん》をとることは、じつはそれほど難《むずか》しいことではありません。ふつうのデジタルカメラでもフィルムカメラでも撮影《さつえい》できます。ただし、注意《ちゅうい》することがいくつかあります。

注意《ちゅうい》1

晴《は》れた空《そら》には太陽《たいよう》が出《で》ています。太《たい》陽《よう》の光《ひかり》はとても強《つよ》いので、カメラを太陽《たいよう》のほうに向《む》けるのはとても危険《きけん》です。空《そら》もよく写《うつ》りません。また、太陽《たいよう》に直接《ちょくせつ》ではなくても近《ちか》い方向《ほうこう》であれば、太陽《たいよう》の光《ひかり》がレンズに入《はい》ることがあるので気《き》をつけましょう。

注意《ちゅうい》2

空《そら》はとても広《ひろ》いです。広角《こうかく》レンズでないと大《おお》きな雲《くも》などは入《はい》りません。できるだけ広角《こうかく》を使《つか》えるカメラがおすすめです。

注意《ちゅうい》3

感度《かんど》は自動《じどう》の場合《ばあい》はよいのですが、あまり高《たか》いと空《そら》が明《あか》るすぎて写《うつ》せないことがあります。空《そら》をとるときは、感度《かんど》は一番《いちばん》低《ひく》くしてとるとよいでしょう。低《ひく》いほうが空《そら》や雲《くも》がよりはっきり写《うつ》ります。

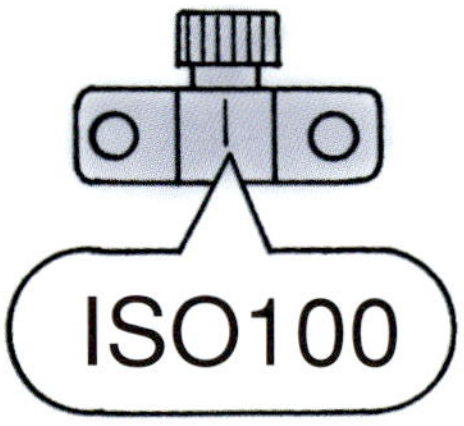

注意《ちゅうい》4

日時《にちじ》（デジタルカメラには記録《きろく》されます）や撮影《さつえい》場所《ばしょ》、方角《ほうがく》、そのときの気温《きおん》などの天気《てんき》の状態《じょうたい》は記《き》録《ろく》しておきましょう。地平線《ちへいせん》や建物《たてもの》などを下《した》に少《すこ》し入《い》れると、位置《いち》関係《かんけい》のわかりやすい写《しゃ》真《しん》になります。

注意《ちゅうい》5

数分《すうふん》ごとに連続《れんぞく》して、雲《くも》の動《うご》きや夕《ゆう》方《がた》の空《そら》の色《いろ》の変化《へんか》などをとるのもよいでしょう。カメラによってはインターバル撮影《さつえい》といって、一定《いってい》時間《じかん》ごとに撮影《さつえい》できるものもあります。

旅行《りょこう》に出《で》かけたときは、景色《けしき》と一緒《いっしょ》に空《そら》や雲《くも》も入《い》れてみてください。行《い》く先々《さきざき》で空《そら》の色《いろ》も違《ちが》いますし、季節《きせつ》や場所《ばしょ》によってできやすい雲《くも》も異《こと》なります。

空《そら》はいつも違《ちが》い、まったく同《おな》じものはありません。写真《しゃしん》をとりたいと思《おも》った瞬間《しゅんかん》にカメラを持《も》っているよう心《こころ》がけましょう。

第《だい》3章《しょう》 風《かぜ》を知《し》ろう

風《かぜ》って見《み》ることができないよね。どうやって調《しら》べることができるのかしら。

いろいろ調《しら》べる方法《ほうほう》があるみたいだね。風《かぜ》の動《うご》きを確認《かくにん》することもできるよ。

1 風《かぜ》はどうして吹《ふ》くの？

知《し》りたい 風《かぜ》はどのようなときに吹《ふ》くのでしょうか？
また、風《かぜ》が吹《ふ》く方向《ほうこう》はどのように決《き》まるのでしょう？

草《くさ》が風《かぜ》になびいているね。この風《かぜ》が吹《ふ》くしくみを見《み》ていこう。

千葉県《ちばけん》

風《かぜ》が吹《ふ》くしくみ

ドアをあけると空気《くうき》の流《なが》れを感《かん》じることがあります。これが風《かぜ》です。陸《りく》と海《うみ》の間《あいだ》で吹《ふ》いたり、山《やま》と谷《たに》でも昼《ひる》と夜《よる》で風《かぜ》の吹《ふ》きかたが変《か》わったりします。地球《ちきゅう》の表面《ひょうめん》では、空気《くうき》がたくさんある高気圧《こうきあつ》から空気《くうき》の少《すく》ない低気圧《ていきあつ》へ風《かぜ》が吹《ふ》いています。

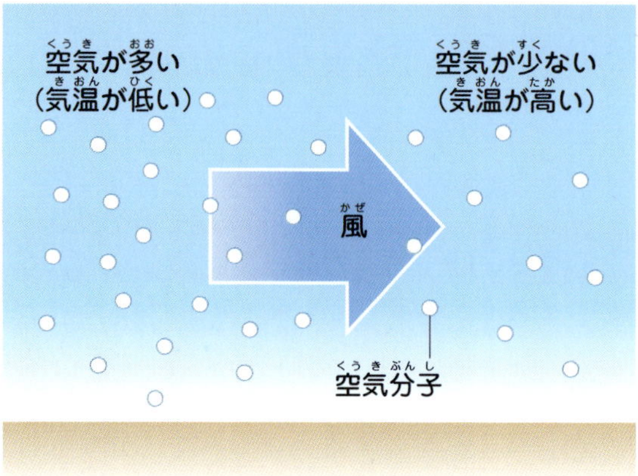
空気《くうき》が多《おお》い
（気温《きおん》が低《ひく》い）
空気《くうき》が少《すく》ない
（気温《きおん》が高《たか》い）
風《かぜ》
空気分子《くうきぶんし》

風《かぜ》は、空気《くうき》が多《おお》い（気温《きおん》が低《ひく》い）ほうから、空気《くうき》が少《すく》ない（気温《きおん》が高《たか》い）ほうに向《む》かって吹《ふ》く。

実験《じっけん》してみよう 風《かぜ》が吹《ふ》くしくみを見《み》よう

風《かぜ》は暖《あたた》かいところで上昇《じょうしょう》したあと、冷《ひ》えて下降《かこう》してきます。空気《くうき》は目《め》では見《み》えませんが、空気《くうき》が動《うご》いているところで線香《せんこう》をたくと、空気《くうき》の流《なが》れがわかります。風《かぜ》がじゅんかんする様子《ようす》を見《み》てみましょう。

用意《ようい》するもの

- ふたのある水《すい》そう
- 線香《せんこう》
- 線香立《せんこうた》て(ねん土《ど》など)
- マッチ
- コップ(ビーカー)
- 湯《ゆ》

1

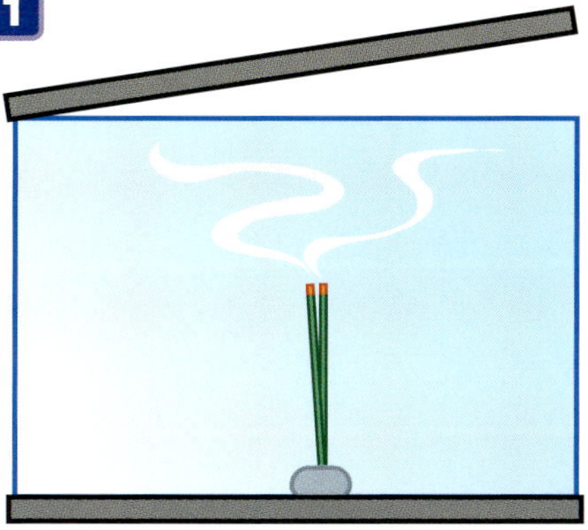

水《すい》そうの中央《ちゅうおう》付近《ふきん》に、火《ひ》をつけた線香《せんこう》をねん土《ど》などを使《つか》って立《た》てる。

2

水《すい》そうのはしに湯《ゆ》を入《い》れたコップ(ビーカー)を置《お》き、水《すい》そうにふたをする。

3

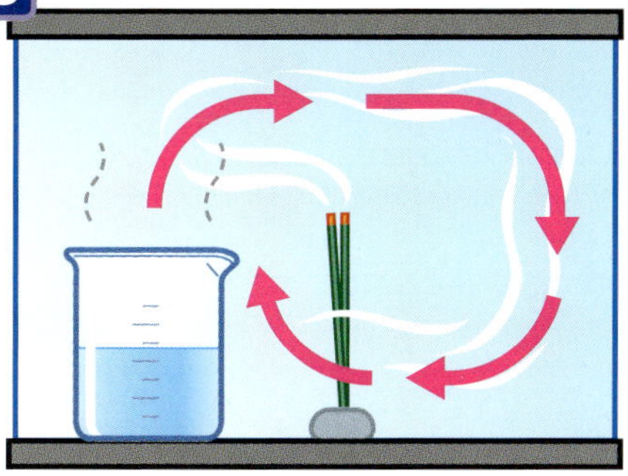

すぐに線香《せんこう》のけむりは空気《くうき》の流《なが》れによって向《む》きを変《か》える。水《すい》そうの中《なか》で空気《くうき》の流《なが》れが見《み》えるようになる。

もっと調《しら》べてみよう

風《かぜ》の行《い》き先《さき》を調《しら》べよう

風《かぜ》は空気《くうき》のじゅんかんとして吹《ふ》いています。吹《ふ》いていった風《かぜ》はどうなっていくのでしょうか。また、第《だい》6章《しょう》に出《で》てくる天気図《てんきず》や気象衛星画像《きしょうえいせいがぞう》を見《み》て、上空《じょうくう》の風《かぜ》の流《なが》れを考《かんが》えてみましょう。

この実験《じっけん》でわかること

風《かぜ》は、温度《おんど》のちがいによる空気《くうき》の流《なが》れであることがわかります。たとえば、お風呂《ふろ》から出《で》るときドアをあけると、暖《あたた》かい空気《くうき》が上《うえ》から出《で》て行《い》き、つめたい空気《くうき》が下《した》から入《はい》ってきます。これは、この実験《じっけん》と同《おな》じことです。また、暖《あたた》かな家《いえ》のドアをあけると、つめたい空気《くうき》が勢《いきお》いよく家《いえ》の中《なか》に入《はい》って行《い》きます。これも、実験《じっけん》で見《み》られる空気《くうき》の流《なが》れと同《おな》じです。

火《ひ》を使《つか》う実験《じっけん》なので、必《かなら》ず大人《おとな》といっしょにやろう。

2 風向《ふうこう》と風力《ふうりょく》はどうやって調《しら》べる?

知《し》りたい 目《め》に見《み》えない風《かぜ》の吹《ふ》きかたを知《し》る手《て》がかりとなるのが、風向《ふうこう》と風力《ふうりょく》です。風向《ふうこう》と風力《ふうりょく》はどうやって調《しら》べたらよいのでしょうか?

プロペラ
風《かぜ》を受《う》けてまわり、回転数《かいてんすう》が風速《ふうそく》に換算《かんさん》されます。
垂直尾翼《すいちょくびよく》
飛行機《ひこうき》のような尾翼《びよく》で風向《ふうこう》を測《はか》ります。
この飛行機《ひこうき》みたいな機械《きかい》で風向《ふうこう》と風力《ふうりょく》を調《しら》べるんだね。
そうだよ。
風向計《ふうこうけい》と風力計《ふうりょくけい》は自分《じぶん》でもつくれるよ。

風向風速計《ふうこうふうそくけい》

風向《ふうこう》と風力《ふうりょく》の表《あらわ》しかた

風向《ふうこう》は風《かぜ》の吹《ふ》いてくる方向《ほうこう》です。ふつう16方位《ほうい》を用《もち》いて示《しめ》します(→P.100)。また、風力《ふうりょく》は風《かぜ》の強《つよ》さのことで、0〜12までの13段階《だんかい》で示《しめ》されます。風力《ふうりょく》と風《かぜ》の速《はや》さを表《あらわ》す風速《ふうそく》は対応《たいおう》しています。右《みぎ》の表《ひょう》を見《み》ると、風力《ふうりょく》5のときの風速《ふうそく》は8.0以上《いじょう》10.8未満《みまん》(m/秒《びょう》)です。風速《ふうそく》は、風《かぜ》が1秒間《びょうかん》に進《すす》む距離《きょり》(m)で表《あらわ》します。風速《ふうそく》8.0m/秒《びょう》の風《かぜ》は、1秒間《びょうかん》に8m進《すす》む風《かぜ》のことです。

●風力《ふうりょく》と風速《ふうそく》の対応表《たいおうひょう》

風力《ふうりょく》	相当風速《そうとうふうそく》(m/秒《びょう》)
0	0.0から0.3未満《みまん》
1	0.3以上《いじょう》1.6未満《みまん》
2	1.6以上《いじょう》3.4未満《みまん》
3	3.4以上《いじょう》5.5未満《みまん》
4	5.5以上《いじょう》8.0未満《みまん》
5	8.0以上《いじょう》10.8未満《みまん》
6	10.8以上《いじょう》13.9未満《みまん》

風力《ふうりょく》	相当風速《そうとうふうそく》(m/秒《びょう》)
7	13.9以上《いじょう》17.2未満《みまん》
8	17.2以上《いじょう》20.8未満《みまん》
9	20.8以上《いじょう》24.5未満《みまん》
10	24.5以上《いじょう》28.5未満《みまん》
11	28.5以上《いじょう》32.7未満《みまん》
12	32.7以上《いじょう》

実験《じっけん》してみよう　風向《ふうこう》と風力《ふうりょく》を調《しら》べる実験《じっけん》

風《かぜ》のやってくる方向《ほうこう》(風向《ふうこう》)を向《む》くような風向《ふうこう》計《けい》をつくりましょう。風見《かざみ》どりにはいろいろな種類《しゅるい》の形《かたち》がありますが、風《かぜ》を受《う》けてしっかりと向《む》きが変《か》わるものをつくりましょう。風力《ふうりょく》計《けい》も身近《みぢか》な物《もの》を利用《りよう》してつくることができます。定期的《ていきてき》に観測《かんそく》し、記録《きろく》してみましょう。

用《よう》意《い》するもの

手《て》づくり風向計《ふうこうけい》

- ペットボトル
- えんぴつの補助軸《ほじょじく》またはキャップ
- 細《ほそ》い棒《ぼう》
- 方位磁針《ほういじしん》

手《て》づくり風力計《ふうりょくけい》

- ストロー
- 厚紙《あつがみ》
- クリップ
- 細《ほそ》い棒《ぼう》

手《て》づくり風向計《ふうこうけい》

1

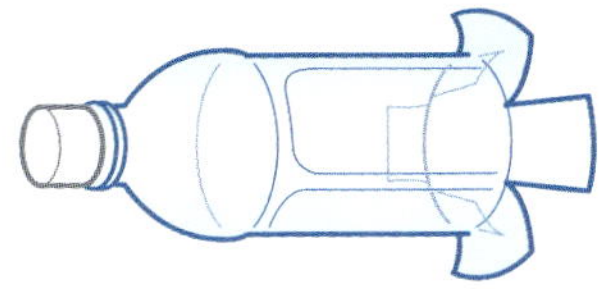

ペットボトルの底《そこ》を切《き》り取《と》る。下《した》のほうを6つに切《き》って、3枚《まい》外側《そとがわ》に折《お》る。

2

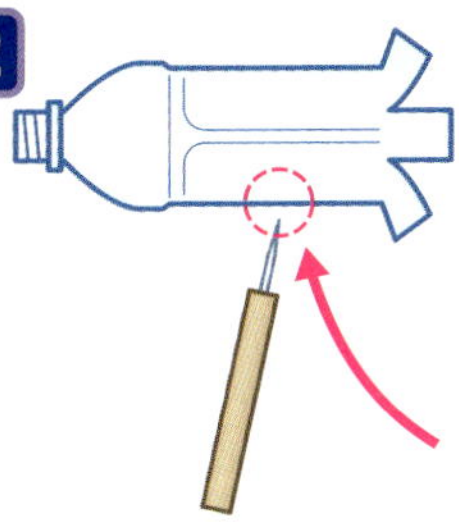

バランスのよい位置《いち》(中央付近《ちゅうおうふきん》)に穴《あな》をあけ、えんぴつの補助軸《ほじょじく》などをさしこむ。

3

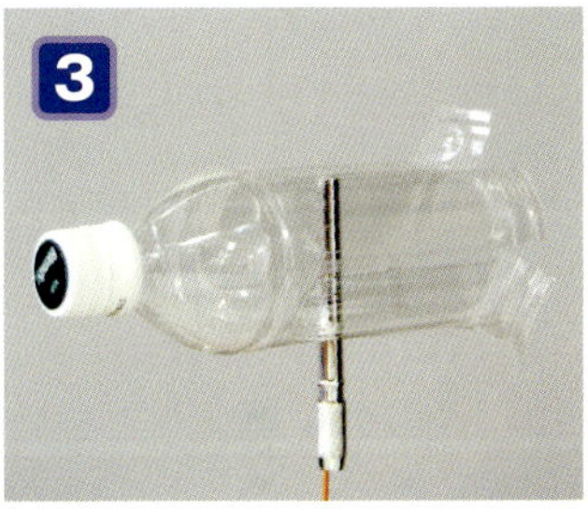

補助軸《ほじょじく》に棒《ぼう》をさして上《うえ》にかざすと、風《かぜ》が吹《ふ》く方角《ほうがく》にペットボトルが向《む》く。方位磁針《ほういじしん》を使《つか》って風《かざ》向《む》きを調《しら》べる。

手《て》づくり風力計《ふうりょくけい》

1

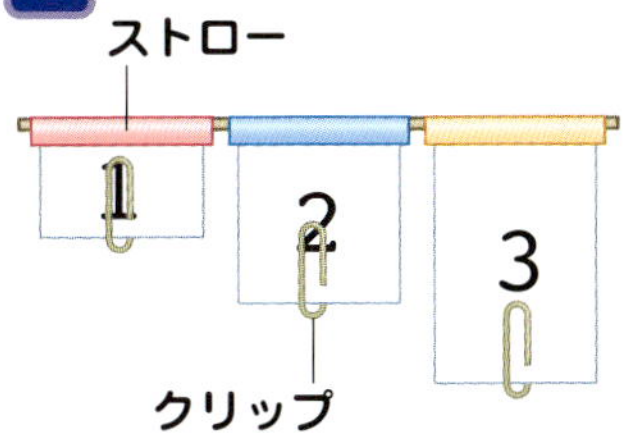

厚紙《あつがみ》を使《つか》って、同《おな》じ幅《はば》で長《なが》さのちがう長方形《ちょうほうけい》の紙《かみ》を数枚《すうまい》つくる。上《うえ》にストロー、下《した》にクリップをつける。ストローに棒《ぼう》を通《とお》す。

2

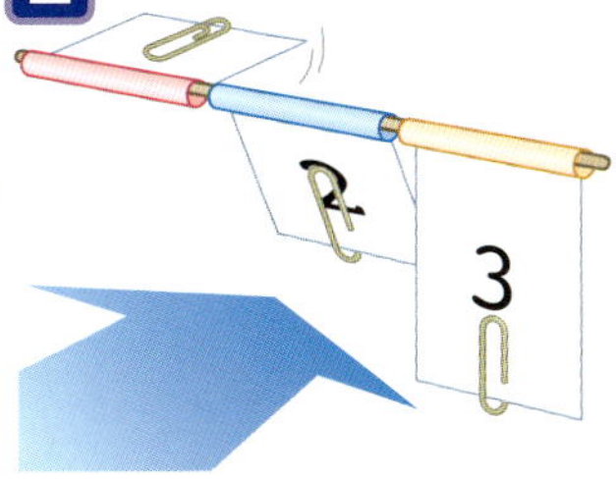

風《かぜ》を直角《ちょっかく》に受《う》けるようにかざし、浮《う》きあがった紙《かみ》の番号《ばんごう》を記《き》録《ろく》する。

この実験《じっけん》でわかること

風向《ふうこう》と風力《ふうりょく》を調《しら》べてみると、風《かぜ》の吹《ふ》きかたを知《し》ることができます。風向《ふうこう》と風力《ふうりょく》の変化《へんか》が大《おお》きいときは、何《なん》回《かい》か調《しら》べたあと、もっとも多《おお》い状態《じょうたい》のものを記録《きろく》します。

もっと調《しら》べてみよう

いろいろなときや場所《ばしょ》で調《しら》べよう

1日《にち》の中《なか》での変化《へんか》、毎日《まいにち》の変化《へんか》、そして季節《きせつ》の変化《へんか》など、風《かぜ》にはさまざまな変化《へんか》がありますので、たくさん実験《じっけん》をしてみましょう。何《なに》かに気《き》がつくはずです。また、いろいろな場所《ばしょ》で調《しら》べてみるとよいでしょう。

実験《じっけん》のまとめかた

日時《にちじ》	風向《ふうこう》	風力《ふうりょく》
8/1(日《にち》)10:00	北東《ほくとう》	2番《ばん》まで
8/2(月《げつ》)10:00	西《にし》	1番《ばん》まで
8/3(火《か》)10:00	西南西《せいなんせい》	2番《ばん》まで
8/4(水《すい》)10:00	?	?

実験《じっけん》した日時《にちじ》を記録《きろく》する。風向《ふうこう》は16方位《ほうい》で書《か》き入《い》れ、風力《ふうりょく》は紙《かみ》の番号《ばんごう》を記入《きにゅう》しよう。

3 竜巻《たつまき》はどのように起《お》こる？

知《し》りたい 竜巻《たつまき》は、自動車《じどうしゃ》をもちあげたり建物《たてもの》をこわしてしまうほど、強《つよ》い力《ちから》をもっています。どのようにして竜巻《たつまき》は起《お》こるのでしょうか？

すごーい！
大《おお》きな竜巻《たつまき》ね。
遠《とお》くにあるからいいけど、近《ちか》くではとても強《つよ》い風《かぜ》が吹《ふ》いているんだよ。

海上《かいじょう》の竜巻《たつまき》（鹿児島県《かごしまけん》）

竜巻《たつまき》の起《お》こるしくみ

竜巻《たつまき》（トルネード）はアメリカで有名《ゆうめい》ですが、日本《にほん》でも海《うみ》に近《ちか》い場所《ばしょ》でときどき見《み》られます。竜巻《たつまき》が発生《はっせい》するためには、積乱雲《せきらんうん》（にゅうどう雲《ぐも》、かみなり雲《ぐも》）という大《おお》きな雲《くも》が必要《ひつよう》です。この雲《くも》の中《なか》でうずができ、うずの下《した》の部分《ぶぶん》が地面《じめん》に降《お》りてきたものが竜巻《たつまき》です。

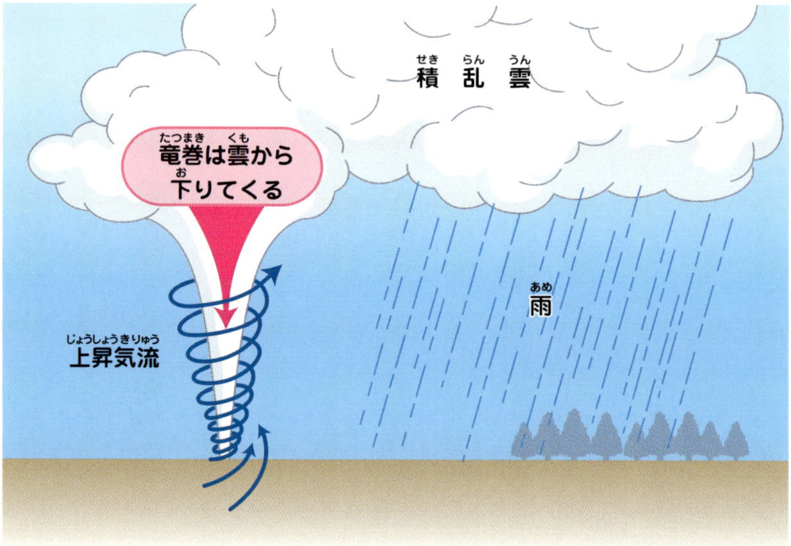
積《せき》乱《らん》雲《うん》
竜巻《たつまき》は雲《くも》から
下《お》りてくる
雨《あめ》
上昇気流《じょうしょうきりゅう》

実験《じっけん》してみよう　竜巻《たつまき》の形《かたち》をつくる

ビーカーなどの円形《えんけい》の深《ふか》い容器《ようき》を利用《りよう》して、竜巻《たつまき》のようなものを手《て》でつくることができます。あいたビンやペットボトルに水《みず》を入《い》れ、逆《さか》さにして最初《さいしょ》に少《すこ》しまわしても、同《おな》じようなものができます。また、お風呂《ふろ》などのはい水口《すいこう》から水《みず》が流《なが》れていく様子《ようす》も見《み》てみましょう。

用意《ようい》するもの

- 円形《えんけい》の深《ふか》い容器《ようき》
- 水《みず》
- 砂《すな》
- かき混《ま》ぜる棒《ぼう》

1

容器《ようき》に水《みず》と砂《すな》を入《い》れる。砂《すな》はわずかに底《そこ》にたまる程度《ていど》。

2

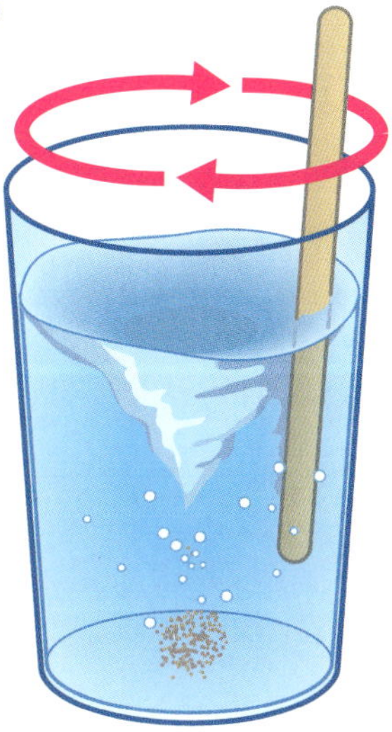

棒《ぼう》を水《みず》の中《なか》で速《はや》くまわすと、まん中《なか》の部分《ぶぶん》がへこんで、空気《くうき》のうずが下《した》のほうへ降《お》りていく。砂《すな》はまん中《なか》に集《あつ》まる。

この実験《じっけん》でわかること

竜巻《たつまき》が起《お》こるためには、強《つよ》い回転《かいてん》が必要《ひつよう》なことがわかります。また、竜巻《たつまき》の下《した》は気圧《きあつ》（実験《じっけん》では水圧《すいあつ》）がさがり、風《かぜ》や物《もの》（実験《じっけん》では砂《すな》）が集《あつ》まります。気圧《きあつ》については70ページで学《まな》びます。

もっと調《しら》べてみよう

竜巻《たつまき》と低気圧《ていきあつ》の回転《かいてん》の向《む》き

棒《ぼう》を反対《はんたい》にまわしてもうず巻《まき》はできます。しかし、実際《じっさい》の空《そら》では、竜巻《たつまき》は低気圧《ていきあつ》の風《かぜ》の流《なが》れと同《おな》じ回転《かいてん》である場合《ばあい》が多《おお》いといわれています。北半球《きたはんきゅう》では低気圧《ていきあつ》の風《かぜ》の流《なが》れは反時計回《はんとけいまわ》りで、高気圧《こうきあつ》の風《かぜ》の流《なが》れは時計回《とけいまわ》りです。それでは、南半球《みなみはんきゅう》での竜巻《たつまき》の回転《かいてん》の向《む》きはどうなるでしょうか？

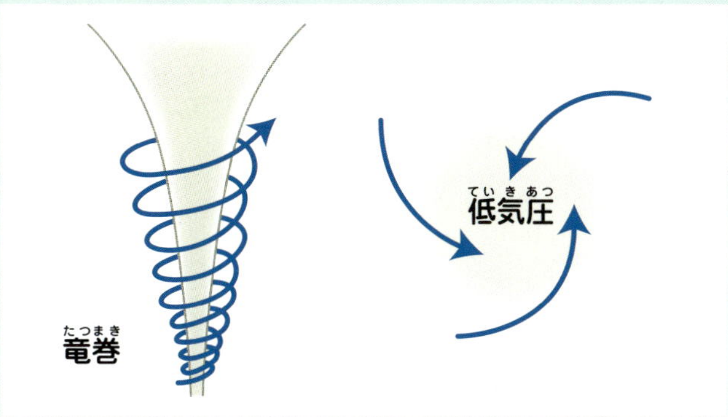

4 風《かぜ》の強弱《きょうじゃく》はなぜできる？

知《し》りたい 風《かぜ》は、人《ひと》が息《いき》をしているように、強《つよ》くなったり弱《よわ》くなったりします。どうしてなのでしょう？ また、強《つよ》い風《かぜ》に吹《ふ》かれた電線《でんせん》などが、ピューピューと音《おと》を鳴《な》らすのはどうしてなのでしょうか？

稲《いね》のゆれかたがところどころちがうのは、風《かぜ》が強《つよ》く吹《ふ》いたり、弱《よわ》く吹《ふ》いたりしているからだね。

風《かぜ》の強弱《きょうじゃく》でところどころ大《おお》きくゆれる稲穂《いなほ》の波《なみ》（茨城県《いばらきけん》）

風《かぜ》に強弱《きょうじゃく》ができるしくみ

空気《くうき》はかたまりとして動《うご》いていることがあります。その空気《くうき》のかたまりが流《なが》れてくることで、風《かぜ》が強《つよ》くなったり弱《よわ》くなったりします。また、電線《でんせん》や窓《まど》のすき間《ま》を通《とお》る風《かぜ》は、たくさんのうずを次《つぎ》つぎとつくり、これが音《おと》となって聞《き》こえることがあります。笛《ふえ》が鳴《な》るしくみもこのことを利用《りよう》しています。

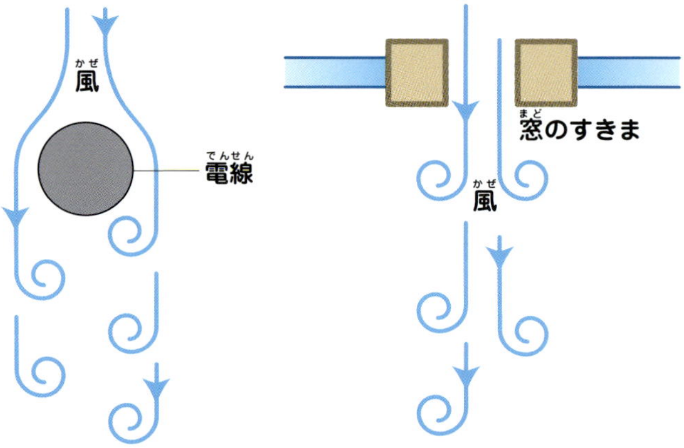
風《かぜ》
電線《でんせん》
窓《まど》のすきま
風《かぜ》

実《じっ》験《けん》してみよう　流《なが》れのうずを見《み》る実験《じっけん》

流《なが》れの後《うし》ろのうずは、音《おと》として聞《き》けるだけでなく、もようとして見《み》ることもできます。水面《すいめん》にぼくじゅうをたらし、水《みず》に立《た》てたまるい棒《ぼう》をゆっくり動《うご》かします。すると、水面《すいめん》にうずのもようができるので、すばやく紙《かみ》に写《うつ》し取《と》りましょう。

用《よう》意《い》するもの

- 平《ひら》たい容器《ようき》
- 水《みず》
- 水《みず》がしみやすい紙《かみ》（半紙《はんし》など）
- ぼくじゅう
- まるい棒《ぼう》（直径《ちょっけい》が2mm《ミリメートル》くらいのくしや1cm《センチメートル》程《てい》度《ど》のえんぴつなど）

1

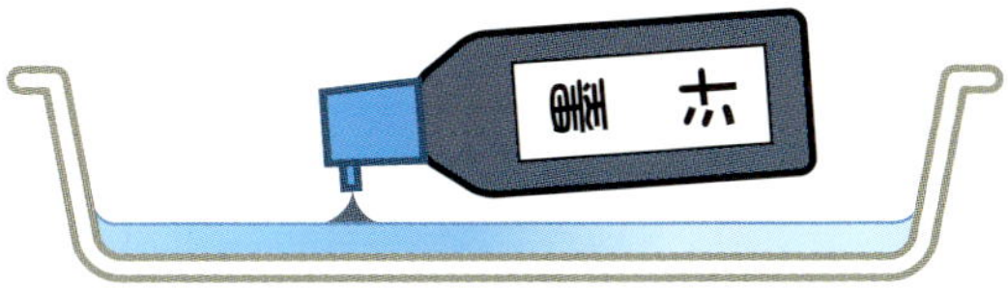

平《ひら》たい容器《ようき》にうすく水《みず》を張《は》る。水《みず》の上《うえ》にぼくじゅうを少《すこ》したらし、水面《すいめん》の全体《ぜんたい》に広《ひろ》がるまで待《ま》つ。

2

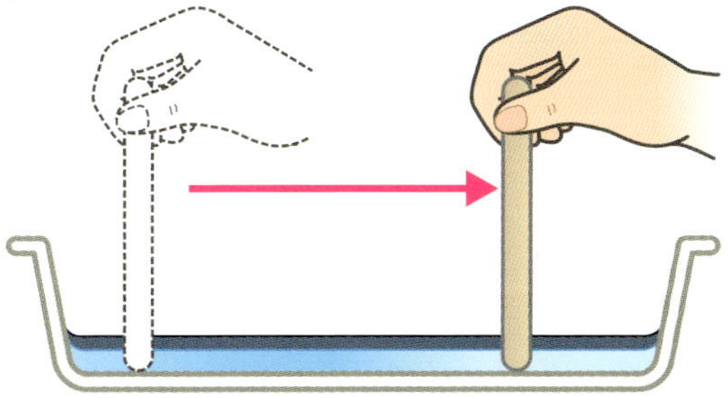

まるい棒《ぼう》をたてに入《い》れて、まっすぐ動《うご》かす（棒《ぼう》の太《ふと》さによって動《うご》かす速《はや》さを変《か》える）。

3

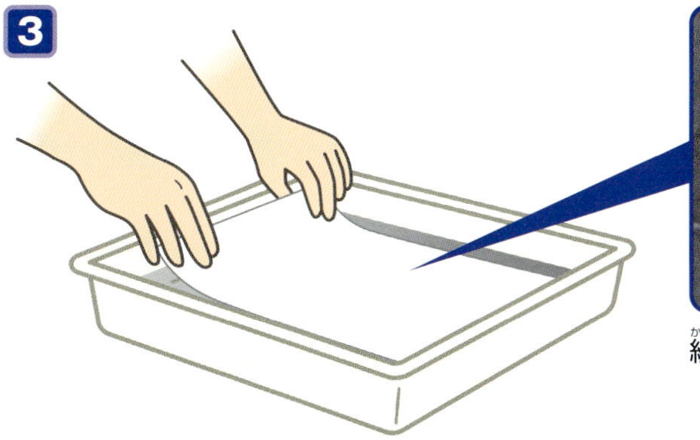

棒《ぼう》が動《うご》いたあと、水面《すいめん》にうずが並《なら》んでできるので、すぐに紙《かみ》をかぶせて、もようを写《うつ》し取《と》る。

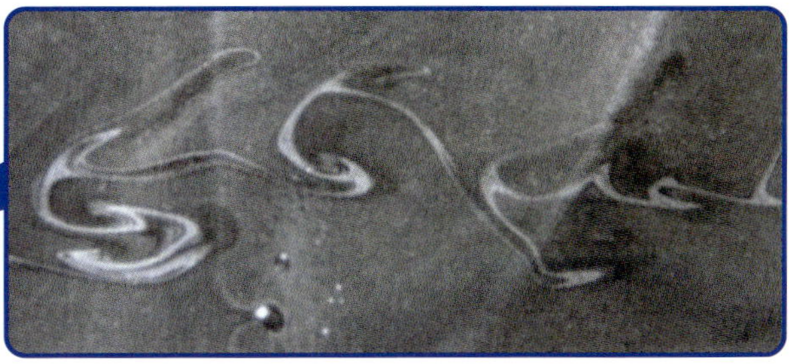

紙《かみ》をかわかすと、うずが並《なら》んでいるもようが残《のこ》る。

この実験《じっけん》でわかること

水面《すいめん》にできたうずは「カルマンのうず」といって、空気中《くうきちゅう》にもできるものです。棒《ぼう》の太《ふと》さや動《うご》かす速《はや》さを変《か》えると、うずのできかたが変《か》わります。

POINT　とても大《おお》きなカルマンのうず

カルマンのうずは気象衛《きしょうえい》星《せい》の写真《しゃしん》に見《み》られることがあります。冬《ふゆ》の季節風《きせつふう》が強《つよ》いとき、韓国《かんこく》の南《みなみ》にある済州島《さいしゅうとう》の後《うし》ろにカルマンのうずによる雲《くも》がときどきできます。

5 風《かぜ》の足《あし》あとを見《み》てみよう

知《し》りたい 強《つよ》い風《かぜ》が吹《ふ》いたあと、砂《すな》はまや砂《さ》ばくに風《かぜ》によるもよう「風《ふう》もん(砂《さ》もん)」ができます。また、空《そら》にも強《つよ》い風《かぜ》が吹《ふ》いているとき、雲《くも》のもよう「波状雲《はじょううん》」が見《み》られます。これらは何《なに》が原因《げんいん》でできるのでしょうか?

風《ふう》もん
じつはこれは、風《かぜ》が通《とお》ったあとにできる足《あし》あとのようなものなんだ。

茨城県《いばらきけん》

波状雲《はじょううん》
砂《すな》や雲《くも》が波《なみ》のような形《かたち》になっているよ。

千葉県《ちばけん》

風《ふう》もんのできるしくみ

強《つよ》い風《かぜ》が地面《じめん》の上《うえ》を吹《ふ》くとき、風《かぜ》は地《じ》面《めん》にある物《もの》を動《うご》かそうとします。風《かぜ》とのまさつによって、砂《すな》は1粒《つぶ》1粒《つぶ》が転《ころ》がるように動《うご》いていきます。そして、大《おお》きな砂《すな》が山《やま》の部分《ぶぶん》、小《ちい》さな砂《すな》が谷《たに》の部分《ぶぶん》にたまり、風《かぜ》に対《たい》して直角方向《ちょっかくほうこう》に波《なみ》のようなもようをつくります。この山《やま》と谷《たに》は風下《かざしも》へと少《すこ》しずつ動《うご》いていきます。

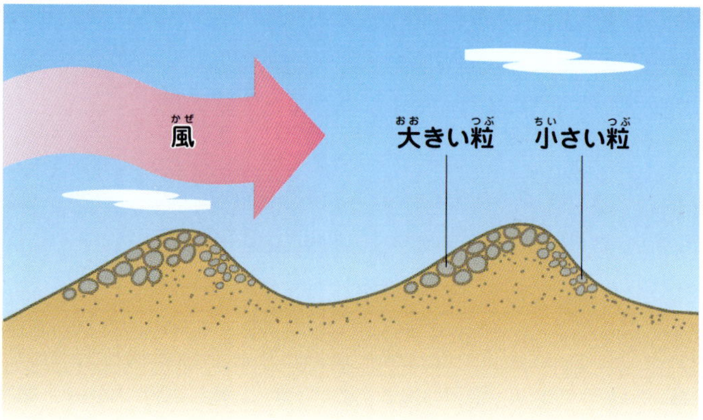
風《かぜ》
大《おお》きい粒《つぶ》
小《ちい》さい粒《つぶ》

観《かん》察《さつ》してみよう　雲《くも》の波《なみ》（波状雲《はじょううん》）をさがそう

風《かぜ》が強《つよ》い日《ひ》、高《たか》い空《そら》にある雲《くも》や、高《たか》い山《やま》の近《ちか》くにある雲《くも》を観察《かんさつ》してみましょう。高《たか》い空《そら》に波状《なみじょう》やうねった雲《くも》が流《なが》れていたり、高《たか》い山《やま》のそばに波状《なみじょう》の雲《くも》があることがあります。

用《よう》意《い》するもの

- カメラまたはスケッチブック
- 方位磁針《ほういじしん》

高《たか》い雲《くも》を観《かん》察《さつ》する

巻雲《けんうん》や巻積雲《けんせきうん》などの高《たか》い雲《くも》が西《にし》から東《ひがし》へ次々《つぎつぎ》と流《なが》れているとき、その雲《くも》のもようを観察《かんさつ》する。上空《じょうくう》の風《かぜ》の流《なが》れる方向《ほうこう》や、風《かぜ》と直角方向《ちょっかくほうこう》に波《なみ》のようなもようがたくさん見《み》られることがある。

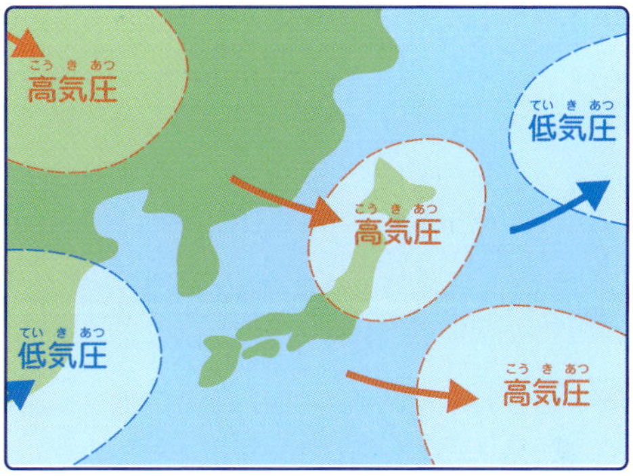

天気《てんき》の変化《へんか》が早《はや》い（高気圧《こうきあつ》や低気圧《ていきあつ》が次々《つぎつぎ》とやってくる）ときが観察《かんさつ》のチャンス。天気予報《てんきよほう》などで、天気図《てんきず》の動《うご》きをチェックしておくとよい。

高《たか》い山《やま》にできる雲《くも》を観《かん》察《さつ》する

富士山《ふじさん》から波《なみ》のような雲《くも》がいくつもつらなって見《み》られることがある。

風《かぜ》が富士山《ふじさん》のような高《たか》い山《やま》に当《あ》たると、波打《なみう》つような流《なが》れが起《お》こり、雲《くも》の波《なみ》ができる。

写真《しゃしん》をとったりスケッチしたりして、そのときの気象条件《きしょうじょうけん》を記録《きろく》しよう。

この観察《かんさつ》でわかること

日本《にほん》の上空《じょうくう》には、西《にし》から東《ひがし》へ偏西風《へんせいふう》（→P.102）が吹《ふ》いています。そのため、だいたい西《にし》から高気圧《こうきあつ》や低気圧《ていきあつ》がやってきます。偏西風《へんせいふう》の特《とく》に強《つよ》いものをジェット気流《きりゅう》といいます。ジェット気流《きりゅう》があるときには、高《たか》い雲《くも》が波状《なみじょう》やすじ状《じょう》のもようをつくって速《はや》いスピードで流《なが》れていくことがあります。また、高《たか》い山《やま》に当《あ》たった風《かぜ》が波《なみ》のような雲《くも》をつくることがあります。

POINT　雲《くも》につくられるもよう

流《なが》れる風《かぜ》でできる波状雲《はじょううん》は、風《かぜ》の方向《ほうこう》に雲《くも》がのびるときもあれば、風《かぜ》と直角方向《ちょっかくほうこう》にしまもようになることもあります。冬《ふゆ》の日本海沿岸《にほんかいえんがん》によく見《み》られるすじ状《じょう》の雲《くも》は風《かぜ》の吹《ふ》く方向《ほうこう》につらなっています。

6 遠《とお》くの風《かぜ》を感《かん》じることができる?

知《し》りたい 風《かぜ》は、木々《きぎ》がゆれているのを見《み》たり、肌《はだ》に触《ふ》れるのを感《かん》じたりすることで、確認《かくにん》できます。では、高《たか》い空《そら》で吹《ふ》いている風《かぜ》の動《うご》きを知《し》ることはできるのでしょうか?

こういう雲《くも》があるときは、上空《じょうくう》に強《つよ》い風《かぜ》が吹《ふ》いているんだね。
上空《じょうくう》に強《つよ》い風《かぜ》が吹《ふ》いているかどうかは、星《ほし》の光《ひかり》でも知《し》ることができるよ。

上空《じょうくう》の風《かぜ》の強《つよ》さを示《しめ》す雲《くも》(千葉県《ちばけん》)

上空《じょうくう》の風《かぜ》のしくみ

すじ雲《ぐも》が西《にし》から東《ひがし》へすごいスピードで流《なが》れているとき、上《じょう》空《くう》では偏西風《へんせいふう》という風《かぜ》が強《つよ》く吹《ふ》いています。日本付近《にほんふきん》の上空《じょうくう》を西《にし》から東《ひがし》へ流《なが》れる偏西風《へんせいふう》は、夏《なつ》では弱《よわ》いのですが、冬《ふゆ》では強《つよ》く吹《ふ》き、時速《じそく》300km《キロメートル》になることもあります。これは新幹線《しんかんせん》の走行速度《そうこうそくど》よりも速《はや》いものです。
飛行機《ひこうき》に乗《の》ると、日本付近《にほんふきん》では東《ひがし》に向《む》かうほうが西《にし》に向《む》かうよりも目的地《もくてきち》に早《はや》くつきます。これも、偏西風《へんせいふう》が西《にし》から東《ひがし》に吹《ふ》いているためです。

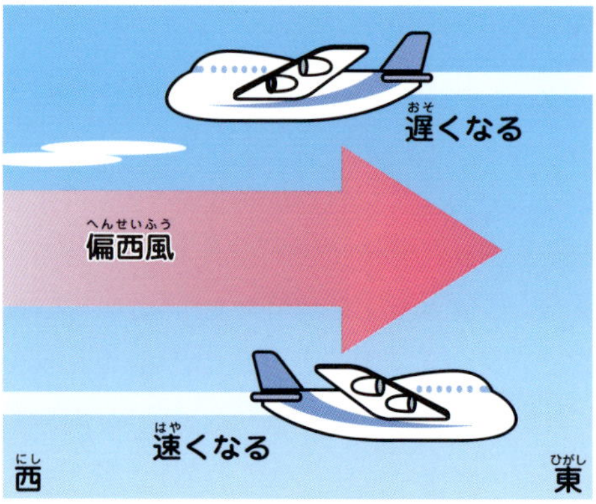
遅《おそ》くなる
偏西風《へんせいふう》
速《はや》くなる
西《にし》
東《ひがし》

観《かん》察《さつ》してみよう　遠《とお》くの風《かぜ》を見《み》つけよう

夜空《よぞら》の星《ほし》がまたたいて見《み》えることがあります。このとき、上空《じょうくう》では強《つよ》い風《かぜ》が吹《ふ》いています。また、夜《よる》、遠《とお》くの街明《まちあ》かりがまたたいて見《み》えることがあります。このときは、地面《じめん》の近《ちか》くで風《かぜ》が強《つよ》く吹《ふ》いています。

用《よう》意《い》するもの

●双眼鏡《そうがんきょう》（あったらでよい）

星《ほし》のまたたきを見《み》る

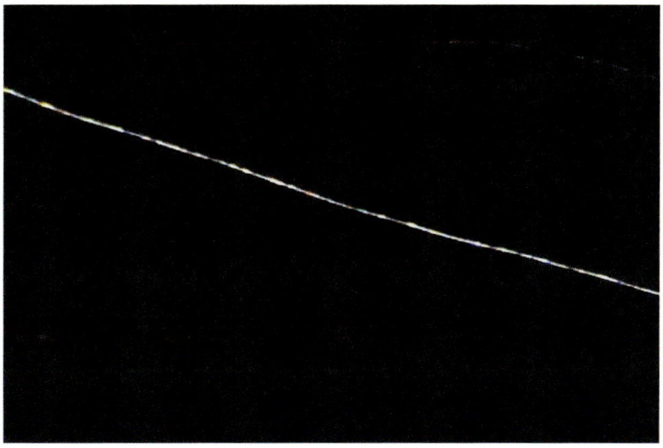

明《あか》るい星《ほし》（一等星《いっとうせい》）を見《み》る。　千葉県《ちばけん》

星《ほし》がまたたくときは上空《じょうくう》で強《つよ》い風《かぜ》が吹《ふ》いています。こうした時期《じき》は天気《てんき》の変化《へんか》が早《はや》くなります。続《つづ》けて観測《かんそく》して、日《ひ》による違《ちが》いを調《しら》べてみましょう。この写真《しゃしん》は、明《あか》るさや色《いろ》の変化《へんか》がわかるように、カメラを動《うご》かして撮影《さつえい》したもの。線《せん》の太《ふと》さが変《か》わっているのは、明《あか》るさが変《か》わっているということです。また、色《いろ》がさまざまに変《か》わっているのもわかります。

遠《とお》くの光《ひかり》のまたたきを見《み》る

遠《とお》くの街明《まちあ》かりを見《み》る。　千葉県《ちばけん》

遠《とお》くの街明《まちあ》かりがたくさんまたたいて見《み》えることがあります。特《とく》に空気《くうき》が冷《ひ》えている夜《よる》は、気温《きおん》の変化《へんか》によって空気《くうき》がよく動《うご》き、またたきがはげしくなります。海《うみ》では、遠《とお》くの漁船《ぎょせん》の光《ひかり》がまたたいて見《み》えることがあります。また、街明《まちあ》かりを見《み》ていると、さまざまな色《いろ》の光《ひかり》の中《なか》で、赤《あか》い色《いろ》が特《とく》に遠《とお》くまで届《とど》いて見《み》えることがわかります。

この観察《かんさつ》でわかること

星《ほし》がよくまたたくときは、偏西風《へんせいふう》が強《つよ》く吹《ふ》いているときです。偏西風《へんせいふう》は高気圧《こうきあつ》や低気圧《ていきあつ》を運《はこ》んでくるので、星《ほし》がまたたいて見《み》えるときは、その後《ご》、天気《てんき》が悪《わる》くなることを心配《しんぱい》したほうがいいでしょう。星《ほし》のまたたきは、地球《ちきゅう》をおおう空気《くうき》の動《うご》きによって星《ほし》の光《ひかり》が曲《ま》げられ、光《ひかり》が弱《よわ》くなったり色《いろ》が変《か》わったりすることで起《お》こります。ストーブの上《うえ》で向《む》こう側《がわ》の景色《けしき》がゆらゆらとゆれて見《み》えることと似《に》ています。

お天気《てんき》コラム vol.3

天気《てんき》の変化《へんか》を読《よ》むコツ

天気《てんき》の変化《へんか》は西《にし》からやってくる

ふだんからよく空《そら》を見《み》て、風《かぜ》や湿度《しつど》などを感《かん》じていると、そのあとの天気《てんき》の変化《へんか》がわかるようになってきます。人間《にんげん》はもともと、自然《しぜん》のそうした変化《へんか》を知《し》ることができる体《からだ》をもっています。

急《きゅう》な雨《あめ》に困《こま》ることがあります。しかし、自《じ》分《ぶん》のいる場所《ばしょ》で雨《あめ》を降《ふ》らす雲《くも》ができることは少《すく》なく、こうした雲《くも》はだいたい流《なが》れてきます。にゅうどう雲《ぐも》が見《み》えてきたら、その方角《ほうがく》を確認《かくにん》してみましょう。

高《たか》い空《そら》の風《かぜ》は西《にし》から東《ひがし》へ吹《ふ》いていることが多《おお》いので、大《おお》きな雲《くも》が西《にし》のほうにあったらこちらにやってくる可能性《かのうせい》が大《おお》きいといえます。

しかし、台風《たいふう》が接近《せっきん》しているときなどは、南《みなみ》から積乱雲《せきらんうん》がやってくることもあります。また、山《やま》の中《なか》ではどの方角《ほうがく》にあっても積乱雲《せきらんうん》は危険《きけん》です。

雲《くも》はたいてい
西《にし》からやってくる

いつもと風向《かざむ》きが違《ちが》うときは要注意《ようちゅうい》

空気《くうき》が乾燥《かんそう》していると雲《くも》はできにくく、湿《しめ》った風《かぜ》がのぼっていくところに雲《くも》はできます。日本《にほん》はまわりが海《うみ》なので、海《うみ》のほうから湿《しめ》った風《かぜ》が吹《ふ》くと、天気《てんき》が悪《わる》くなることが多《おお》いといえます。

風《かぜ》の向《む》きがいつもと違《ちが》うときは気《き》をつけましょう。風《かぜ》はさまざまな空気《くうき》を運《はこ》んできます。その土地《とち》で吹《ふ》きかたが違《ちが》うので、一《いっ》般的《ぱんてき》に言《い》うことができませんが、たとえば関東地方《かんとうちほう》では、東《ひがし》から風《かぜ》が吹《ふ》いているときは、雨《あめ》が降《ふ》りやすいとか、低気圧《ていきあつ》が接《せっ》近《きん》しているといった知《し》らせといえます。

東《ひがし》から風《かぜ》が吹《ふ》いているときは
雨《あめ》が降《ふ》りやすい

雲《くも》の形《かたち》も天気《てんき》の変化《へんか》を知《し》らせてくれる

山《やま》が近《ちか》くにある場合《ばあい》は、山《やま》の上《うえ》に帽子《ぼうし》がかかったような雲《くも》ができたり、山《やま》の近《ちか》くにレンズのような形《かたち》の雲《くも》があったら、空高《そらたか》くに強《つよ》い湿《しめ》った風《かぜ》が吹《ふ》いているので、天気《てんき》が悪《わる》くなることが多《おお》いでしょう。

高《たか》い空《そら》に巻雲《けんうん》がたくさん並《なら》んでいたり、うろこ雲《ぐも》が地平線《ちへいせん》のかなたにのびているときも、低気圧《ていきあつ》の接近《せっきん》などが考《かんが》えられます。しかし、平野《へいや》にぽっかり浮《う》かぶ小《ち》さな積雲《せきうん》は、すぐに天気《てんき》を悪《わる》くすることはありません。

山《やま》に雲《くも》がかかっているときは
天気《てんき》がくずれやすい

第《だい》4章《しょう》

気温《きおん》・湿度《しつど》・気圧《きあつ》を測《はか》ろう

温度計《おんどけい》・湿度計《しつどけい》・気圧計《きあつけい》を自分《じぶん》でつくることができるんだよ。

いま問題《もんだい》になっている地球《ちきゅう》温暖化《おんだんか》についてもいっしょに学《まな》ぼう。

1 気温《きおん》はどのように測《はか》る?

知《し》りたい どのようにして気温《きおん》を測《はか》るのでしょう?
また、気温《きおん》を測《はか》る方法《ほうほう》にはどんなものがあるのでしょうか?

■気温《きおん》と体積《たいせき》の関係《かんけい》

気温《きおん》が上下《じょうげ》すると気体《きたい》（空気《くうき》）の体積《たいせき》は変化《へんか》します。気温《きおん》が高《たか》くなると、空気《くうき》の分子《ぶんし》の動《うご》きが速《はや》くなり、体積《たいせき》が増《ふ》えます。反対《はんたい》に、気温《きおん》が低《ひく》くなると、空《くう》気《き》の分子《ぶんし》の動《うご》きはおそくなり、体積《たいせき》はへります。

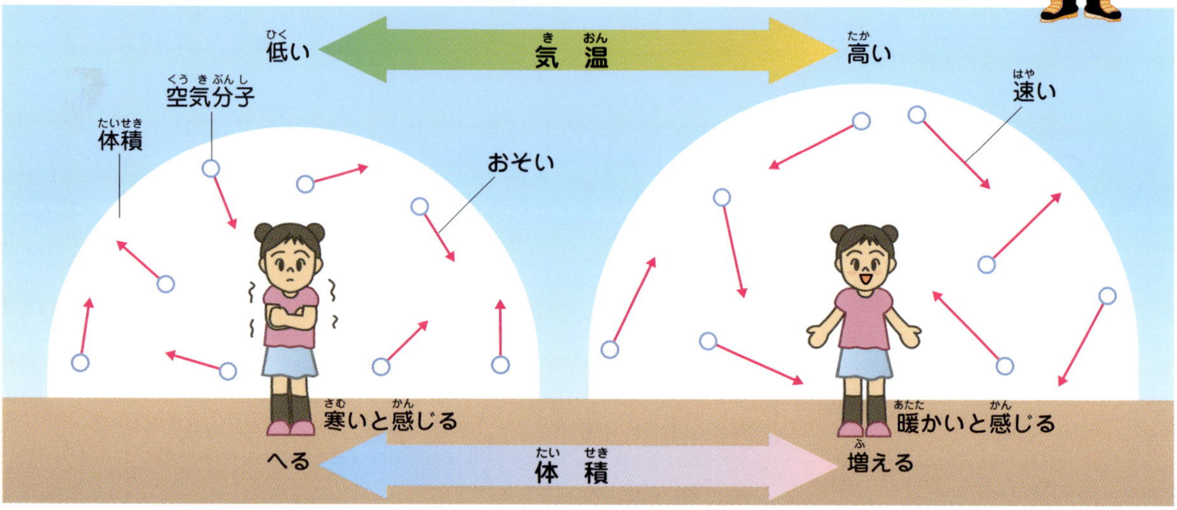

温度計《おんどけい》のしくみ

液体《えきたい》も気体《きたい》と同様《どうよう》に、気温《きおん》が高《たか》くなると体積《たいせき》が増《ふ》え、気《き》温《おん》が低《ひく》くなると体積《たいせき》はへります。気温《きおん》を測《はか》る温度計《おんどけい》は、この原理《げんり》を応用《おうよう》してつくられています。

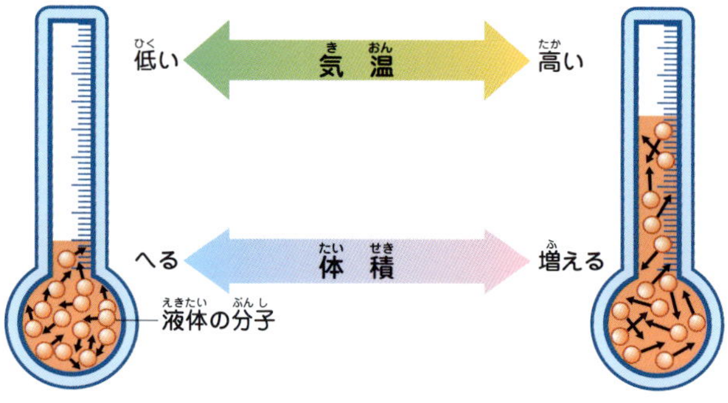

気温《きおん》が低《ひく》いときには活発《かっぱつ》でなかった液体《えきたい》の分子《ぶんし》は、気温《きおん》が高《たか》くなると活発《かっぱつ》になり、体積《たいせき》が増《ふ》える。

●棒状温度計《ぼうじょうおんどけい》

棒状温度計《ぼうじょうおんどけい》で、もっとも広《ひろ》く使《つか》われているアルコール温度計《おんどけい》は、ガラス管《かん》の中《なか》の赤《あか》い色《いろ》がついた灯油《とうゆ》が気温《きおん》の上昇《じょうしょう》によってぼう張《ちょう》することで、温度《おんど》がわかるようになっています。また、灯《とう》油《ゆ》のかわりに水銀《すいぎん》を使《つか》う水《すい》銀《ぎん》温《おん》度《ど》計《けい》は、高価《こうか》ですが、より正確《せいかく》な測定《そくてい》ができます。

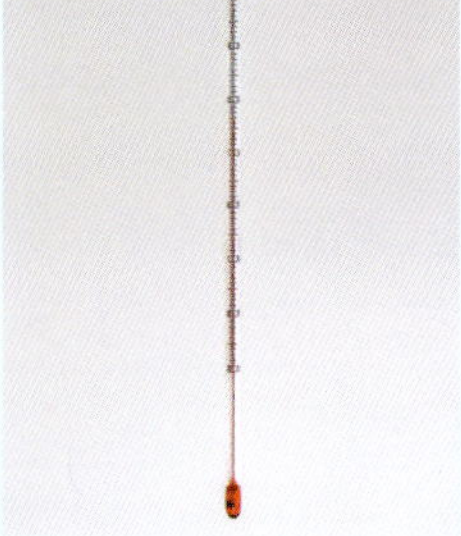

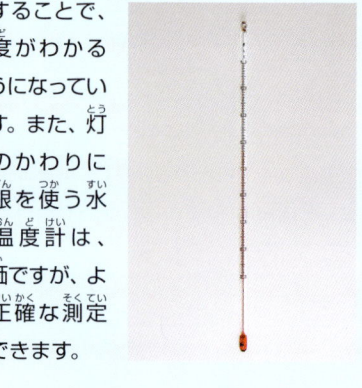

実験《じっけん》してみよう 空気《くうき》や水《みず》を使《つか》った温度計《おんどけい》をつくろう

空気《くうき》を使《つか》った温度計《おんどけい》や、水《みず》を使《つか》った温《おん》度計《どけい》をつくって、温度《おんど》の変化《へんか》を調《しら》べてみましょう。実験装置《じっけんそうち》で見《み》られる変化《へんか》と温度計《おんどけい》を見《み》くらべて、実際《じっさい》の温度《おんど》との対応表《たいおうひょう》をつくってみるとよいでしょう。

用《よう》意《い》するもの

空気《くうき》を使《つか》った温度計《おんどけい》

- 密閉《みっぺい》できる容器《ようき》
- ストロー
- 色《いろ》のついた水《みず》

水《みず》を使《つか》った温度計《おんどけい》

- ふたがしっかりしまるガラスの容器《ようき》 数個《すうこ》
- 水《すい》そう
- 水《みず》

空気《くうき》を使《つか》った温度計《おんどけい》

1

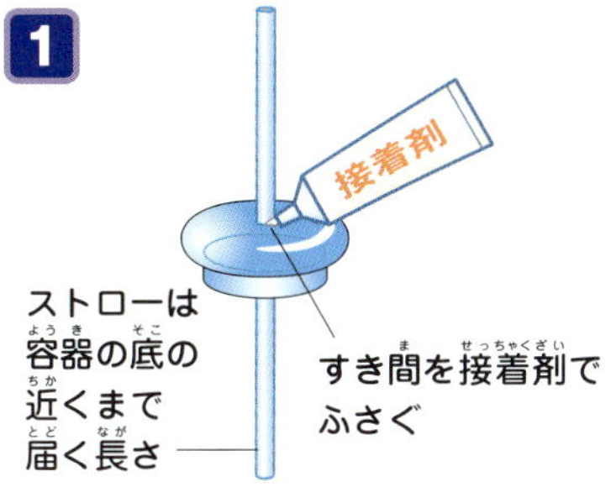
接着剤
ストローは容器《ようき》の底《そこ》の近《ちか》くまで届《とど》く長《なが》さ
すき間《ま》を接着剤《せっちゃくざい》でふさぐ

密閉《みっぺい》できる容器《ようき》のふたに穴《あな》をあけてストローを通《とお》し、すき間《ま》を接着《せっちゃく》剤《ざい》でふさぐ。

2

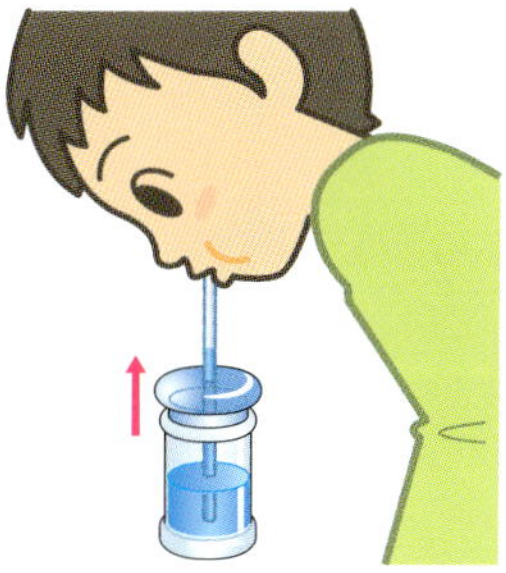

容器内《ようきない》に色水《いろみず》を3分《ぶん》の1ほど入《い》れ、ストローでふたより上《うえ》まで吸《す》いあげたまま、ふたをする。

3

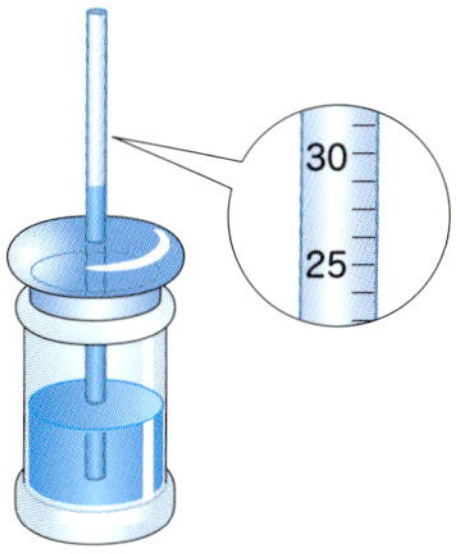
30
25

気温《きおん》によって目盛《めも》りをつけていけば、温度計《おんどけい》になる。気温《きおん》があがると空気《くうき》の体積《たいせき》が増《ふ》えて水《みず》があがる。

水《みず》を使《つか》った温度計《おんどけい》

1

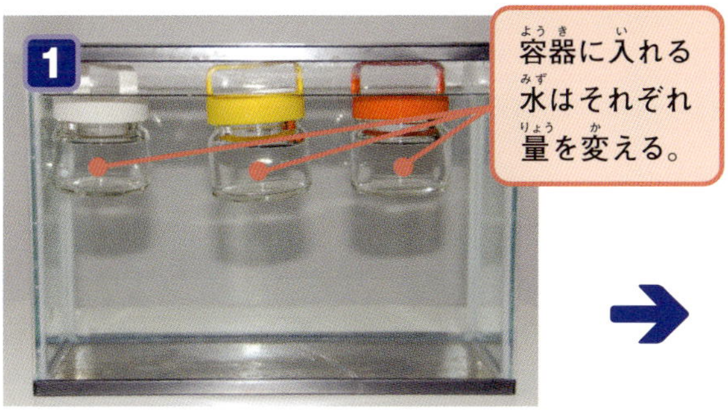
容器《ようき》に入《い》れる水《みず》はそれぞれ量《りょう》を変《か》える。

数個《すうこ》のガラスの容器《ようき》に水《みず》と空気《くうき》を入《い》れてふたをしめ、朝《あさ》の気温《きおん》が低《ひく》いときに、水《すい》そうの水《みず》の中《なか》でぎりぎり浮《う》くようにする。

2

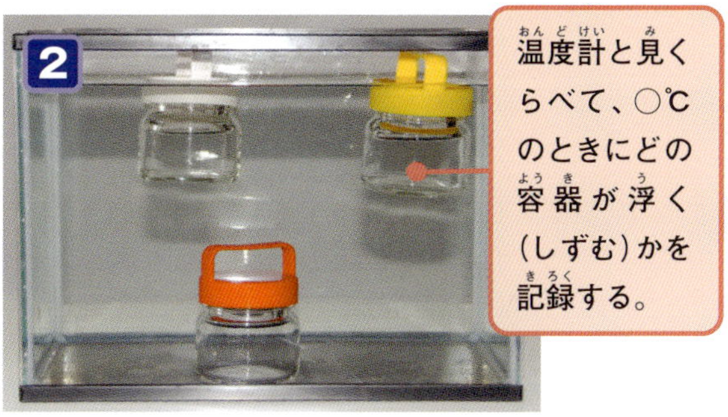
温度計《おんどけい》と見《み》くらべて、○℃のときにどの容器《ようき》が浮《う》く(しずむ)かを記録《きろく》する。

気温《きおん》の変化《へんか》で水温《すいおん》が変《か》わると、容器《ようき》によって浮《う》いたりしずんだりのちがいが出《で》る。気温《きおん》があがると、水《すい》そうの水《みず》がふくらむ分《ぶん》だけ容器《ようき》はしずみやすくなる。

実験《じっけん》のまとめかた(水《みず》を使《つか》った温度計《おんどけい》)

気温《きおん》が変化《へんか》することによって、どの容器《ようき》が浮《う》いたりしずんだりするのかを表《ひょう》にまとめてみよう。

容器《ようき》＼気温《きおん》	20℃	25℃	30℃
赤《あか》	浮《う》いている	しずんだ	しずんだ
黄《き》	浮《う》いている	浮《う》いている	しずんだ
白《しろ》	浮《う》いている	浮《う》いている	浮《う》いている

この実験《じっけん》でわかること

温度変化《おんどへんか》によって気体《きたい》や液体《えきたい》の体積《たいせき》が変《か》わることを、温度計《おんどけい》に利用《りよう》しています。空気《くうき》を使《つか》った温度計《おんどけい》で、温度《おんど》があがると容器内《ようきない》の空気《くうき》がふくらむように、実際《じっさい》の空《そら》でも暖《あたた》かい空気《くうき》が軽《かる》くなって上昇《じょうしょう》し、雲《くも》をつくります。

2 湿度《しつど》の測《はか》りかたは？

知《し》りたい 天気予報《てんきよほう》などで見《み》る湿度《しつど》は何《なに》を示《しめ》すのでしょう？
そして、湿度《しつど》はどのように測《はか》るのでしょうか？

太陽《たいよう》の光《ひかり》がすじになって見《み》える。きれいね。

中禅寺湖《ちゅうぜんじこ》（栃木県《とちぎけん》）

湖《みずうみ》の上《うえ》のしめった空気《くうき》にふくまれる水《みず》に光《ひかり》が当《あ》たってすじ状《じょう》に見《み》えるんだよ。

湿度《しつど》とは？

湿度《しつど》は、空気中《くうきちゅう》にどのくらい水蒸気《すいじょうき》が入《はい》っているのかを示《しめ》すものです。温度《おんど》によって、空気《くうき》がふくむことのできる水蒸気《すいじょうき》の量《りょう》は決《き》まっています。湿《しつ》度《ど》は、もっともたくさん入《はい》る水蒸気《すいじょうき》の量《りょう》（飽和水蒸《ほうわすいじょう》気量《きりょう》）に対《たい》して、実際《じっさい》にふくまれている量《りょう》を割合《わりあい》（％）で示《しめ》します。

●気温《きおん》と飽和水蒸気量《ほうわすいじょうきりょう》の関係《かんけい》

気温《きおん》（℃）	0	5	10	15	20	25	30
飽和水蒸気量《ほうわすいじょうきりょう》（g/m^3）	4.8	6.8	9.4	12.8	17.3	23.1	30.4

計算式《けいさんしき》

湿度《しつど》（％）＝ 今《いま》の水蒸気量《すいじょうきりょう》（g《グラム》/m^3《立方メートル》） ÷ 今《いま》の気温《きおん》での飽和水蒸気量《ほうわすいじょうきりょう》（g/m^3） ×100

たとえば、気温《きおん》15℃のとき、空気《くうき》1m^3《立方メートル》中《ちゅう》の水蒸気量《すいじょうきりょう》が6.4g《グラム》の場合《ばあい》の湿度《しつど》は以下《いか》のとおりです。

6.4（g/m^3）÷12.8（g/m^3）×100＝50（％）

湿度《しつど》の測《はか》りかた

●乾湿計《かんしつけい》の見《み》かた

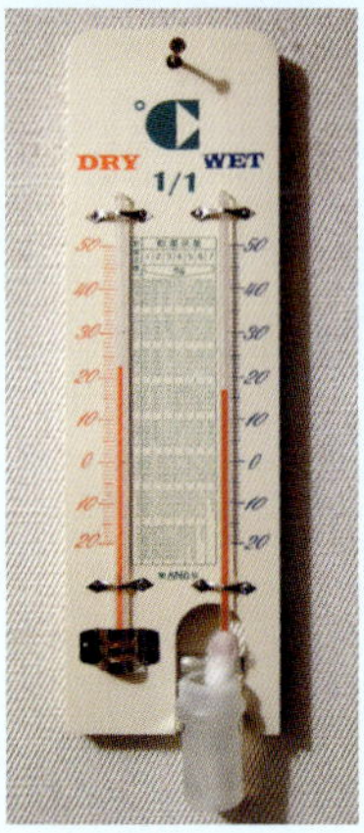

●湿度表《しつどひょう》の一部《いちぶ》

乾球《かんきゅう》の示度《しど》（℃）	乾球《かんきゅう》の示度《しど》と湿球《しつきゅう》の示度《しど》との差《さ》（℃）				
	0.0	0.5	1.0	1.5	2.0
26	100	96	92	88	84
25	100	96	92	88	84
24	100	96	91	87	83
23	100	96	91	87	83
22	100	95	91	87	82

湿度《しつど》を測《はか》る道具《どうぐ》に、乾湿温度計《かんしつおんどけい》というものがあります。2本《ほん》の棒状温度計《ぼうじょうおんどけい》の片方《かたほう》が、水《みず》でしめらせたガーゼを当《あ》ててある湿球《しつきゅう》、もう一方《いっぽう》が乾球《かんきゅう》です。2本《ほん》の温度計《おんどけい》が示《しめ》す温度《おんど》（示度《しど》といいます）のちがいを表《ひょう》で見《み》て、湿度《しつど》を調《しら》べます。

たとえば、乾球《かんきゅう》の示度《しど》が25.0℃、湿球《しつきゅう》の示度《しど》が24.0℃のときの湿度《しつど》を上《うえ》の湿度表《しつどひょう》から求《もと》めてみましょう。この場合《ばあい》、乾球《かんきゅう》の示度《しど》と湿球《しつきゅう》の示度《しど》の差《さ》は1.0℃（25.0℃－24.0℃）ですので、湿度《しつど》は92％となります。

実験《じっけん》してみよう　かみの毛《け》を使《つか》って湿度《しつど》を調《しら》べよう

かみの毛《け》を使《つか》った湿度計《しつどけい》が実際《じっさい》にあり、正確《せいかく》に測《はか》るときにも利用《りよう》されています。かみの毛《け》をぬれた状態《じょうたい》のまま切《き》って、かわいたときに短《みじか》く感《かん》じることがあるでしょう。かみの毛《け》は、しめるとのび、かわくと縮《ちぢ》むのです。その原理《げんり》を使《つか》って湿度《しつど》を調《しら》べましょう。

用意《ようい》するもの

かみの毛《け》の湿度計《しつどけい》①

- かみの毛《け》（数本《すうほん》つなげる）
- 消《け》しゴム
- 定規《じょうぎ》
- くぎ

かみの毛《け》の湿度計《しつどけい》②

- かみの毛《け》（数本《すうほん》つなげる）
- 細《ほそ》い棒《ぼう》
- くぎ
- ストロー
- 定規《じょうぎ》
- セロハンテープ

かみの毛《け》の湿度計《しつどけい》①

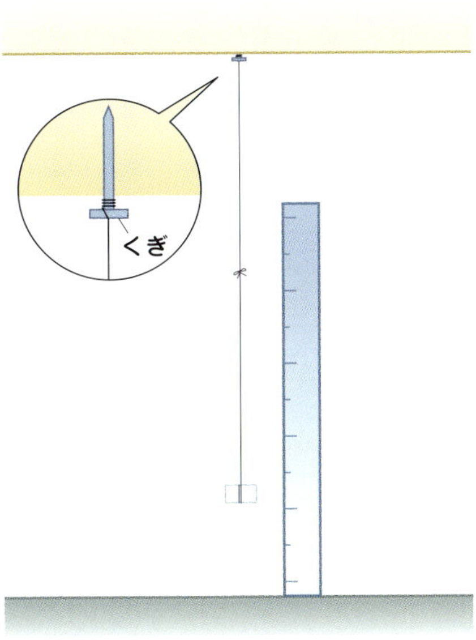

かみの毛《け》の一方《いっぽう》を天井《てんじょう》などに固定《こてい》し、もう一方《いっぽう》の先《さき》に消《け》しゴムをつける。定期的《ていきてき》にかみの毛《け》の長《なが》さをはかり、記録《きろく》する。

かみの毛《け》の湿度計《しつどけい》②

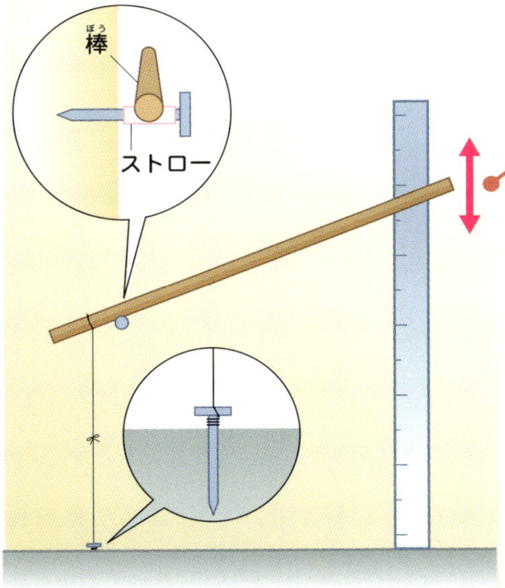

湿度《しつど》が高《たか》いとかみの毛《け》がのびて、棒《ぼう》の先《さき》がさがる。湿度《しつど》が低《ひく》いとかみの毛《け》が縮《ちぢ》んで、棒《ぼう》の先《さき》はあがる。棒《ぼう》の先《さき》の上下《じょうげ》の動《うご》きを測《はか》って記録《きろく》する。

棒《ぼう》の先《さき》にかみの毛《け》を結《むす》びつけ、4分《ぶん》の1ほどにセロハンテープでストローをつける。ストローにくぎをさしこんで、かべなどに打《う》ちこむ。かみの毛《け》の先《さき》もくぎなどで下《した》に固定《こてい》する。

この実験《じっけん》でわかること

かみの毛《け》はたんぱく質《しつ》でできていて、水分《すいぶん》を取《と》り入《い》れてぼう張《ちょう》します。以前《いぜん》は、高級《こうきゅう》な湿度計《しつどけい》にかみの毛《け》を使《つか》っていました。人間《にんげん》の体《からだ》の一部《いちぶ》が気象観測《きしょうかんそく》のセンサーになるのは不思議《ふしぎ》な感《かん》じですね。動物《どうぶつ》の毛《け》を使《つか》っても同《おな》じことができるでしょう。

もっと調《しら》べてみよう

水《みず》の蒸発《じょうはつ》と湿度《しつど》の関係《かんけい》

容器《ようき》に水《みず》を入《い》れてしばらく置《お》いておくと、蒸発《じょうはつ》して水《みず》の量《りょう》がへっていることがあります。この現象《げんしょう》は湿度《しつど》と関係《かんけい》があるのでしょうか。

3 気圧《きあつ》を測《はか》るには？

知《し》りたい 気圧《きあつ》という用語《ようご》が、天気予報《てんきよほう》などで使《つか》われています。
気圧《きあつ》は何《なに》を表《あらわ》し、また、どのようにして測《はか》るのでしょうか？

空気《くうき》の重《おも》さが上空《じょうくう》から地面《じめん》にもたらす力《ちから》を気圧《きあつ》といいます。低《ひく》いところでは空気《くうき》は重《おも》くのしかかってきます（気圧《きあつ》が高《たか》い）。高《たか》いところにいくにつれ、空気《くうき》のおす力《ちから》は弱《よわ》くなります（気圧《きあつ》が低《ひく》い）。

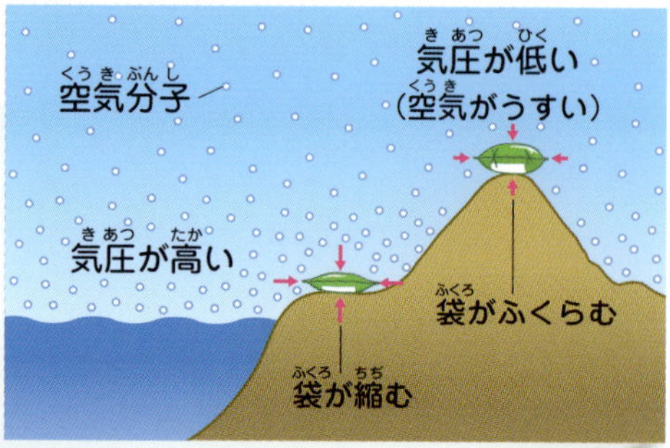
空気分子《くうきぶんし》
気圧《きあつ》が低《ひく》い
（空気《くうき》がうすい）
気圧《きあつ》が高《たか》い
袋《ふくろ》がふくらむ
袋《ふくろ》が縮《ちぢ》む

やっと山《やま》についたー！
あれ？ おかしの袋《ふくろ》がパンパンにふくらんでいるよ。
お店《みせ》で買《か》ったときは、こんなにふくらんでなかったよね。じつはこれ、気圧《きあつ》に関係《かんけい》があるんだ。

富士山《ふじさん》5合目《ごうめ》

気圧《きあつ》と気体《きたい》の体積《たいせき》

気圧《きあつ》は気体《きたい》の体積《たいせき》と関係《かんけい》しています。気温《きおん》が一定《いってい》のとき、気圧《きあつ》と気体《きたい》の体積《たいせき》は反比《はんぴ》例《れい》の関係《かんけい》（気圧《きあつ》が3倍《ばい》になると気体《きたい》の体積《たいせき》は3分《ぶん》の1になり、気圧《きあつ》が3分《ぶん》の1になると気体《きたい》の体積《たいせき》は3倍《ばい》になる）になります。
自転車《じてんしゃ》や自動車《じどうしゃ》のタイヤにはたくさんの空《くう》気《き》を入《い》れます。これは、気圧《きあつ》を高《たか》くしてタイヤがふくらもうとすることを利用《りよう》しています。

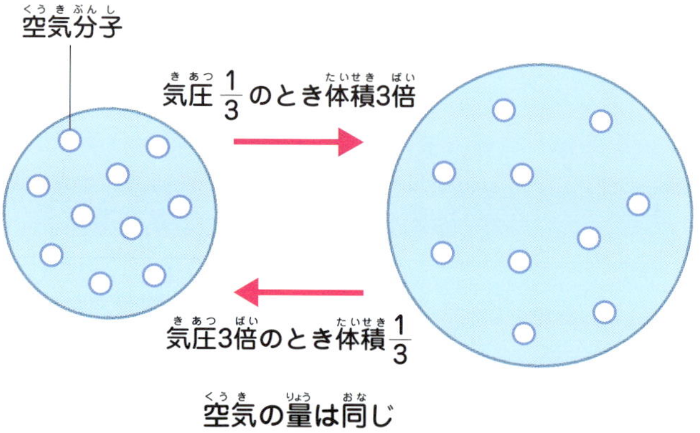
空気分子《くうきぶんし》
気圧《きあつ》 $\frac{1}{3}$ のとき体積《たいせき》3倍《ばい》
気圧《きあつ》3倍《ばい》のとき体積《たいせき》 $\frac{1}{3}$
空気《くうき》の量《りょう》は同《おな》じ

実《じっ》験《けん》してみよう 気圧計《きあつけい》をつくってみよう

気圧《きあつ》の変化《へんか》によって気体《きたい》の体積《たいせき》が変《か》わることを利《り》用《よう》し、気圧計《きあつけい》をつくりましょう。水《みず》の中《なか》にあるものは体積《たいせき》が大《おお》きくなると、浮力《ふりょく》によって浮《う》きやすくなります。手《て》づくり気圧計《きあつけい》②では、気圧《きあつ》があがると、水《みず》の中《なか》の容器《ようき》は体積《たいせき》が小《ちい》さくなってしずみ、反対《はんたい》に気圧《きあつ》がさがると、容器《ようき》は体積《たいせき》が大《おお》きくなって浮《う》きます。

用《よう》意《い》するもの

手《て》づくり気圧計《きあつけい》①

- 円柱形《えんちゅうけい》で大《おお》きさが少《すこ》し違《ちが》うガラスかプラスチックの容器《ようき》　2個《こ》
- 水《みず》

手《て》づくり気圧計《きあつけい》②

- ペットボトル　数本《すうほん》
- 小石《こいし》または砂《すな》
- 水《すい》そう
- 水《みず》

手《て》づくり気圧計《きあつけい》①

1. 大《おお》きな容器《ようき》に半分程度水《はんぶんていどみず》を入《い》れ、小《ちい》さな容器《ようき》を逆《さか》さにして浮《う》かばせる。このとき、小《ちい》さな容器《ようき》をかたむけて少《すこ》し水《みず》を入《い》れる。
2. 小《ちい》さな容器《ようき》の位置《いち》を測《はか》って記録《きろく》する。気圧《きあつ》が高《たか》くなると位置《いち》はさがり、低《ひく》くなると位置《いち》はあがる。

手《て》づくり気圧計《きあつけい》②

1. ペットボトルに1つずつ量《りょう》を変《か》えて小石《こいし》を入《い》れ、へこませてふたをする。これらを水《すい》そうの中《なか》の水《みず》に入《い》れる。
2. ペットボトルがしずむとき、気圧《きあつ》はそれまでよりあがっている。ペットボトルが浮《う》くとき、気圧《きあつ》はそれまでよりさがっている。

数日間《すうじつかん》、観察《かんさつ》してみよう。低気圧《ていきあつ》や台風《たいふう》が通《とお》るときに、変化《へんか》がよくわかるよ。
水《みず》の温度《おんど》はなるべく一定《いってい》にしよう。

この実験《じっけん》でわかること

人間《にんげん》にとって、気圧《きあつ》の変化《へんか》は気温《きおん》とちがってわかりにくいものです。しかし、気圧《きあつ》の変化《へんか》がわかると、天気《てんき》をある程度《ていど》予想《よそう》することができます。つまり、気圧《きあつ》が高《たか》くなるということは、高気圧《こうきあつ》が近《ちか》づいていて、天気《てんき》がよくなるということ。気圧《きあつ》がさがるということは、低気圧《ていきあつ》が接近《せっきん》していて、雨《あめ》や雪《ゆき》が降《ふ》りやすくなるということを表《あらわ》しています。このため、気圧計《きあつけい》は晴雨計《せいうけい》ともいいます。

もっと調《しら》べてみよう

気圧《きあつ》と高度《こうど》の関係《かんけい》を調《しら》べよう

山《やま》に登《のぼ》るときなど、高度《こうど》を調《しら》べるために気圧計《きあつけい》が使《つか》われることがあります。気圧《きあつ》と高度《こうど》はどのような関係《かんけい》にあるのでしょうか。

4 気温《きおん》と湿度《しつど》の関係《かんけい》は？

知《し》りたい 朝《あさ》や夜《よる》は、気温《きおん》の高《たか》い昼《ひる》にくらべて空気《くうき》がしめっているように感《かん》じることがあります。温度《おんど》と湿度《しつど》はどのように関係《かんけい》しているのでしょうか？

下《した》の表《ひょう》とグラフは、4月《がつ》21日《にち》の埼玉県熊谷市《さいたまけんくまがやし》の気温《きおん》と湿度《しつど》の変化《へんか》を表《あらわ》しているんだ。

時刻《じこく》	気温《きおん》	湿度《しつど》
時《じ》	℃	%
1	12.4	80
2	11.8	81
3	11.1	83
4	10.6	85
5	9.9	86
6	10.3	84
7	11.9	76
8	13.4	73
9	15.3	63
10	16.5	60
11	19.6	56
12	21.7	49
13	23.6	39
14	24.1	33
15	25.1	34
16	24.8	38
17	24.2	45
18	22.9	48
19	21.6	52
20	20.6	56
21	19.5	62
22	17.8	71
23	17.2	74
24	16.9	74

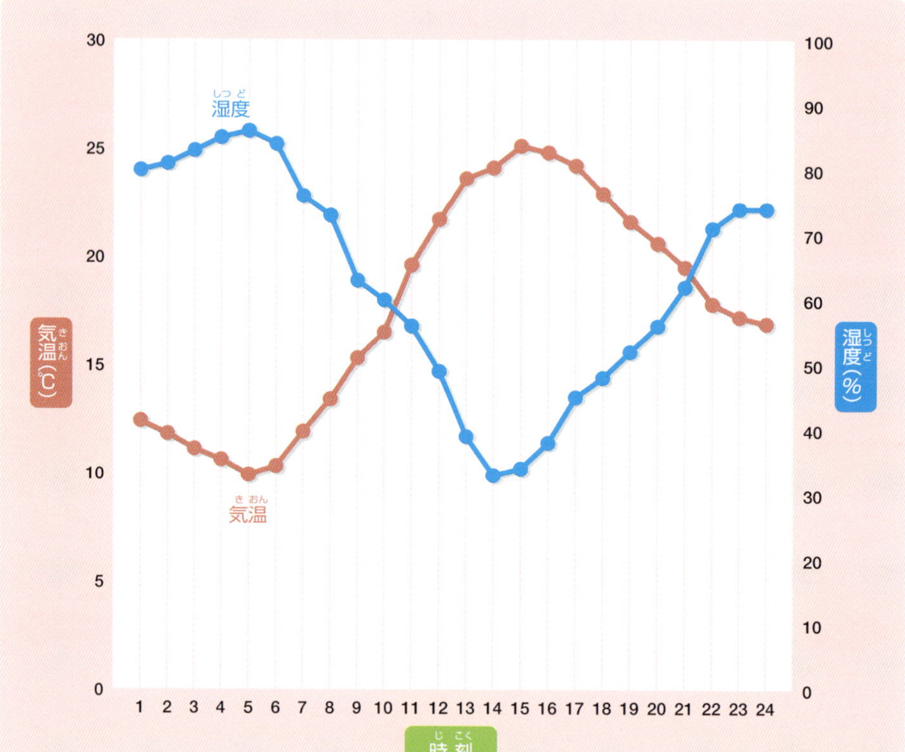

（2007年4月21日埼玉県熊谷市）

気温《きおん》と湿度《しつど》の関係《かんけい》

気温《きおん》と湿度《しつど》の関係《かんけい》は、天気《てんき》によってさまざまです。上《うえ》にあるデータは、風《かぜ》の弱《よわ》い晴《は》れた日《ひ》に測定《そくてい》したものです。気温《きおん》と湿度《しつど》はあがりさがりが反対《はんたい》で、気温《きおん》が高《たか》くなると湿度《しつど》がさがります。午後《ごご》3時《じ》（15時《じ》）に気温《きおん》がもっとも高《たか》くなるのに対《たい》して、湿度《しつど》は午後《ごご》2時《じ》（14時《じ》）にもっとも低《ひく》くなり、だいたい同《おな》じころに正反対《せいはんたい》の値《あたい》を示《しめ》します。夜《よる》になると気温《きおん》がさがって湿度《しつど》があがります。

朝《あさ》、気温《きおん》がさがり湿度《しつど》があがって発生《はっせい》した霧《きり》

観《かん》察《さつ》してみよう　気温《きおん》と湿度《しつど》の関係《かんけい》を調《しら》べよう

晴《は》れて風《かぜ》の弱《よわ》い日《ひ》に、気温《きおん》と湿度《しつど》の変化《へんか》を1時間《じかん》ごとに調《しら》べましょう。朝《あさ》から夜《よる》まで、できるだけ長《なが》い時間《じかん》にわたって測定《そくてい》します。自分《じぶん》の測定結果《そくていけっか》を、左《ひだり》ページの測定結果《そくていけっか》とくらべてみましょう。

用《よう》意《い》するもの

- 時計《とけい》
- 温度計《おんどけい》
- 湿度計《しつどけい》

1

晴《は》れて風《かぜ》の弱《よわ》い日《ひ》に、1時間《じかん》ごとに温度計《おんどけい》で気《き》温《おん》を、湿度計《しつどけい》で湿度《しつど》を測《はか》る（測《そく》定場所《ていばしょ》は、太陽《たいよう》の光《ひかり》が当《あ》たらないところ）。

2

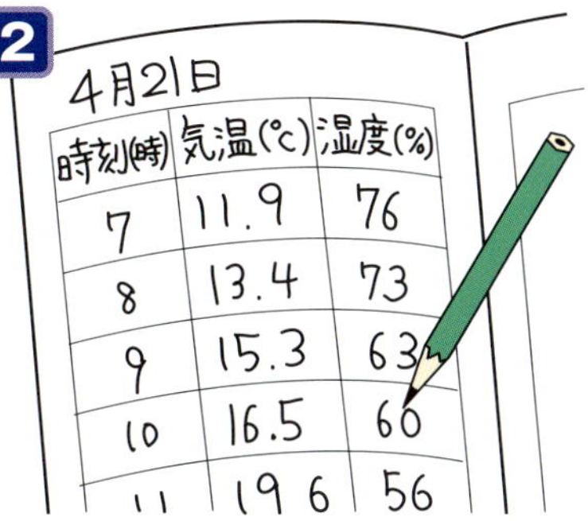
4月21日
時刻(時)
気温(℃)
湿度(%)
7 11.9 76
8 13.4 73
9 15.3 63
10 16.5 60
11 19 6 56

1 で測定《そくてい》した数字《すうじ》を表《ひょう》に書《か》きこむ。

3

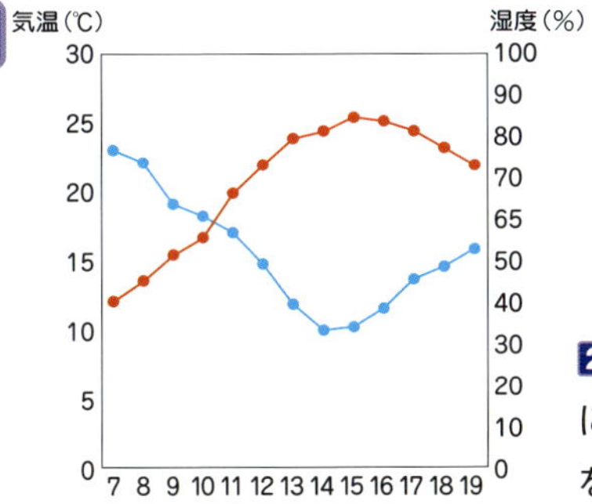
気温（℃）
湿度（%）
30
25
20
15
10
5
0
100
90
80
70
65
50
40
30
20
10
0
7 8 9 10 11 12 13 14 15 16 17 18 19

2 の表《ひょう》をもとにおれ線《せん》グラフをつくる。

温度計《おんどけい》の見《み》かた

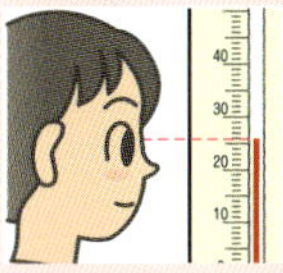
40
30
20
10

目線《めせん》が目盛《めも》りに対《たい》して直《ちょっ》角《かく》になるようにして見《み》る。

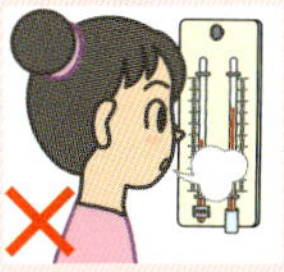

息《いき》や体温《たいおん》で温度《おんど》が変《か》わることがあるので、顔《かお》をあまり近《ちか》づけない。

24.2℃
20

目分量《めぶんりょう》で最小《さいしょう》目盛《めも》りの10分《ぶん》の1まで読《よ》みとる。

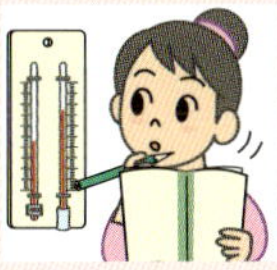

記録《きろく》したら、もう一度《いちど》温度《おんど》計《けい》を見《み》て確認《かくにん》する。

この実験《じっけん》でわかること

左《ひだり》ページの測定結果《そくていけっか》と同《おな》じように、気温《きおん》が高《たか》いと湿《しつ》度《ど》は低《ひく》くなることがわかります。湿度《しつど》は、飽和水蒸気《ほうわすいじょうき》量《りょう》（→P.68）に対《たい》する実際《じっさい》の水蒸気《すいじょうき》の量《りょう》を表《あらわ》します。飽和水蒸気量《ほうわすいじょうきりょう》は、気温《きおん》が高《たか》いと多《おお》くなり、低《ひく》いと少《すく》なくなります。風《かぜ》の弱《よわ》い晴《は》れの日《ひ》は、1日《にち》を通《とお》して空《くう》気中《きちゅう》の水蒸気《すいじょうき》の量《りょう》はあまり変《か》わりません。つまり、気《き》温《おん》による飽和水蒸気量《ほうわすいじょうきりょう》の変化《へんか》が、空気中《くうきちゅう》の水蒸気《すいじょうき》量《りょう》の割合《わりあい》（湿度《しつど》）にそのまま影響《えいきょう》するのです。

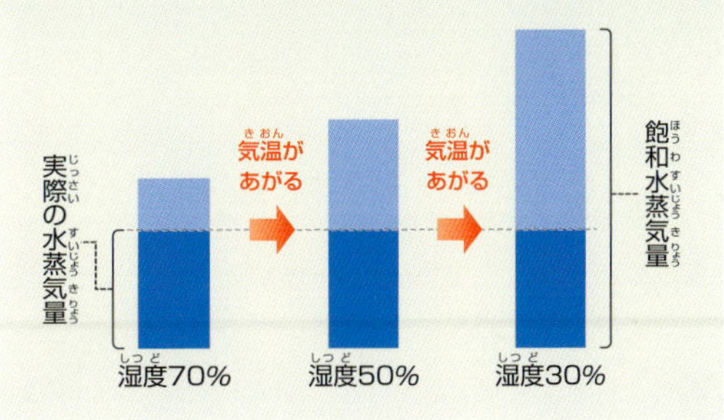
実際《じっさい》の水蒸気量《すいじょうきりょう》
気温《きおん》があがる
気温《きおん》があがる
飽和水蒸気量《ほうわすいじょうきりょう》
湿度《しつど》70%
湿度《しつど》50%
湿度《しつど》30%

気温《きおん》が高《たか》くなり飽和水蒸気量《ほうわすいじょうきりょう》は多《おお》くなるが、実際《じっさい》の水蒸気量《すいじょうきりょう》はあまり変《か》わっていないため、湿度《しつど》は低《ひく》くなる。

もっと調《しら》べてみよう

晴《は》れていない日《ひ》は、気温《きおん》と湿度《しつど》はどのように変化《へんか》するのでしょうか。また、雨《あめ》が降《ふ》ったあとに晴《は》れる場合《ばあい》や風《かぜ》が強《つよ》い日《ひ》など、いろいろな天気《てんき》での温度《おんど》と湿度《しつど》の関係《かんけい》を調《しら》べてみましょう。

5 日射《にっしゃ》の強《つよ》さはどのように測《はか》る？

知《し》りたい 太陽《たいよう》からの光線《こうせん》を日射《にっしゃ》といいます。
日射《にっしゃ》はどのようにすれば測《はか》れるのでしょうか？

これがサハラ砂《さ》ばくか〜。焼《や》けるような日《ひ》ざしだ！
砂《さ》ばくのある地域《ちいき》には、一年中強《いちねんじゅうつよ》い日《ひ》ざしが降《ふ》り注《そそ》いでいるんだ。昼《ひる》の最高気温《さいこうきおん》が40℃をこえることもあるよ。
サハラ砂《さ》ばく（エジプト）

日射《にっしゃ》の強《つよ》さを測《はか》ろう

太陽《たいよう》の光《ひかり》が当《あ》たったところは暖《あたた》かくなります。この温度《おんど》を測《はか》れば、日射《にっしゃ》の強《つよ》さを知《し》ることができます。

地表《ちひょう》に届《とど》く日射《にっしゃ》の強《つよ》さは、太陽《たいよう》の高《たか》さが大《おお》きく関係《かんけい》しています。太陽《たいよう》がま上《うえ》に近《ちか》いところにある夏《なつ》と、太陽《たいよう》光《こう》がななめに当《あ》たる冬《ふゆ》では、地面《じめん》が受《う》ける熱《ねつ》はかなり違《ちが》います。この熱《ねつ》の違《ちが》いは、1日《にち》のうち昼《ひる》から夕方《ゆうがた》にかけて太陽《たいよう》の高《たか》さが変《か》わることでも起《お》こります。これは、ななめに当《あ》たる光《ひかり》より、まっすぐに当《あ》たる光《ひかり》のほうが強《つよ》くて高《たか》い熱《ねつ》をあたえるからです。つまり、地表《ちひょう》に届《とど》く日射《にっしゃ》のかたむきかたによって、気温《きおん》が変《か》わるのです。

夏《なつ》の太陽《たいよう》
冬《ふゆ》の太陽《たいよう》
太陽《たいよう》の光《ひかり》がななめに地面《じめん》に当《あ》たるので、気温《きおん》があがりにくい

実験《じっけん》してみよう　日射《にっしゃ》の強《つよ》さを測《はか》ろう

太陽《たいよう》が動《うご》いても当《あ》たる面積《めんせき》が同《おな》じになるようなまるい容器《ようき》に水《みず》を入《い》れ、少量《しょうりょう》のぼくじゅうを加《くわ》えて水《みず》を黒《くろ》くします。太陽《たいよう》の熱《ねつ》で水《みず》の温度《おんど》が上昇《じょうしょう》することを調《しら》べましょう。

用意《ようい》するもの

- まるい容器《ようき》または まる底《ぞこ》フラスコ
- 水《みず》
- ぼくじゅう
- 温度計《おんどけい》
- 時計《とけい》

1

まるい容器《ようき》にぼくじゅうを少《すこ》し加《くわ》えた水《みず》を入《い》れる。温《おん》度計《どけい》で水《みず》の温度《おんど》を測《はか》る。

2

フラスコを太陽《たいよう》の光《ひかり》に数十分間《すうじゅっぷんかん》当《あ》てる。

3

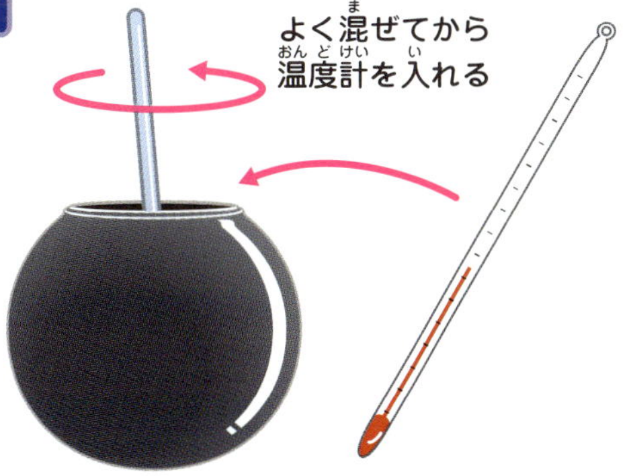

水《みず》をよく混《ま》ぜてから温度《おんど》を測《はか》り、温度《おんど》の上昇《じょうしょう》を測定《そくてい》する。

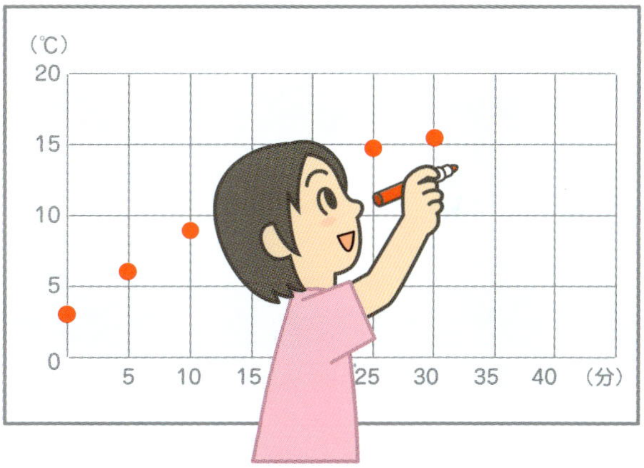

時間《じかん》や天気《てんき》などがちがう日《ひ》に何回《なんかい》か測定《そくてい》し、記録《きろく》する。たての目盛《めも》りを「温度《おんど》」、横《よこ》の目盛《めも》りを「時間《じかん》」にしたおれ線《せん》グラフをつくるとわかりやすい。

この実験《じっけん》でわかること

容器内《ようきない》の水《みず》は太陽《たいよう》の光《ひかり》でだんだん温《あたた》まります。空《くう》気《き》のすんだ日《ひ》のほうが、温《あたた》まりかたが大《おお》きくなります。また、夕方《ゆうがた》になって太陽《たいよう》が低《ひく》くなると温《あたた》まりかたが弱《よわ》くなります。

もっと調《しら》べてみよう

容器《ようき》をずっと外《そと》に置《お》いた場合《ばあい》

長時間《ちょうじかん》、この容器《ようき》を外《そと》に置《お》いたままにしたとき、水《みず》の温度《おんど》の変化《へんか》はどうなるのでしょうか。

6 地表面《ちひょうめん》の温度《おんど》はどうなっている？

知《し》りたい 太陽《たいよう》が当《あ》たる場所《ばしょ》と当《あ》たらない場所《ばしょ》で、地面《じめん》や建物《たてもの》の温度《おんど》にちがいはあるのでしょうか？ また、色《いろ》によって温《あたた》まりかたのちがいがあるのでしょうか？

28
45
34
40
36
34
38
33
42
37
21
39
26
38
17
38
22
31
35
晴《は》れた日《ひ》のお昼《ひる》に、みんなで学校《がっこう》のいろいろな場所《ばしょ》の温度《おんど》を測《はか》ってみたよ。

数字《すうじ》は、各地点《かくちてん》の地表面《ちひょうめん》の温度《おんど》を表《あらわ》す。日《ひ》なたや日《ひ》かげ、土《つち》のグランドや草地《くさち》、建物《たてもの》などの場所《ばしょ》によって温度《おんど》がちがうことがわかる。

毎日同《まいにちおな》じ時間《じかん》に同《おな》じ場所《ばしょ》の温度《おんど》を測《はか》って、表《ひょう》にまとめてみよう。

地表面《ちひょうめん》の温度《おんど》の測《はか》りかた

地表面《ちひょうめん》の温度《おんど》は、ふつうの温度計《おんどけい》ではとてもはかりにくいものです。そのため、温度《おんど》によってちがう赤外線《せきがいせん》が出《で》ることを利用《りよう》した放射温度計《ほうしゃおんどけい》を使《つか》います。

●放射温度計《ほうしゃおんどけい》

放射温度計《ほうしゃおんどけい》は物《もの》に直接触《ちょくせつふ》れなくても温度《おんど》が測《はか》れる温度計《おんどけい》です。物《もの》の表面《ひょうめん》から出《で》ている熱《ねつ》エネルギーの量《りょう》を測定《そくてい》します。

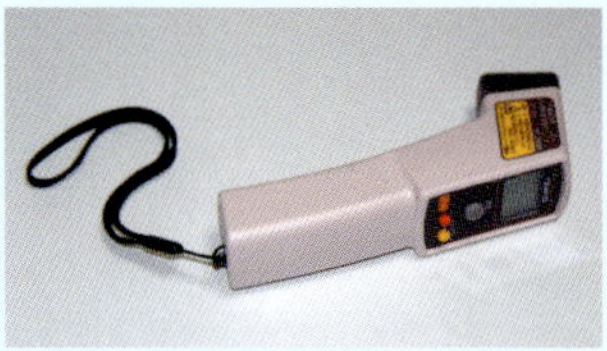

実《じっ》験《けん》してみよう　色《いろ》のちがいによる温《あたた》まりかたのちがい

黒《くろ》いものが太陽《たいよう》の熱《ねつ》を吸収《きゅうしゅう》しやすいことは知《し》られていますが、赤《あか》や青《あお》、緑《みどり》や黄《き》などの色《いろ》で温《あたた》まりかたにちがいがあるのでしょうか。色《いろ》のちがう数枚《すうまい》の紙《かみ》に太陽《たいよう》の光《ひかり》を同時《どうじ》に当《あ》てて、放射温度計《ほうしゃおんどけい》で温《あたた》まりかたを調《しら》べてみましょう。

用《よう》意《い》するもの

- 色画用紙《いろがようし》または色《いろ》おり紙《がみ》
- 放射温度計《ほうしゃおんどけい》

1

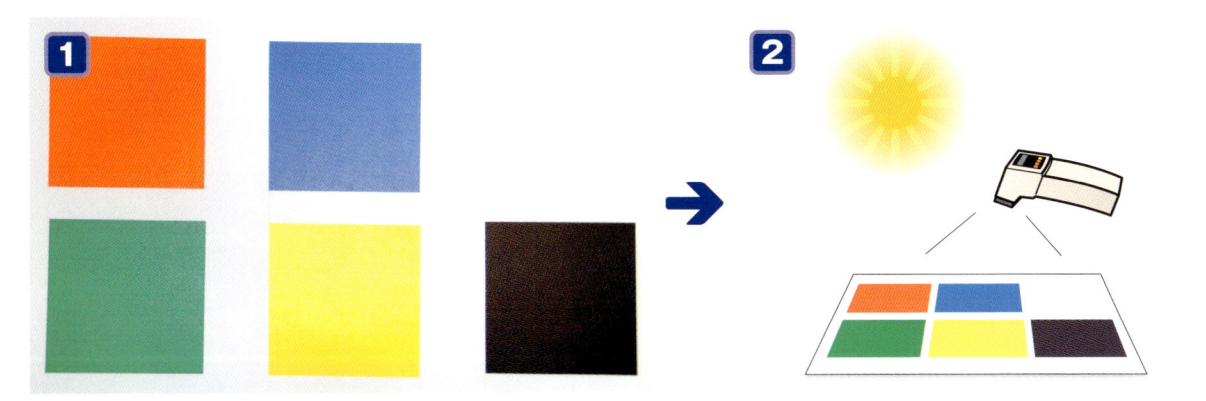

晴《は》れた日《ひ》に、屋外《おくがい》に色《いろ》のちがう画用紙《がようし》（またはおり紙《がみ》）を1か所《しょ》に並《なら》べる。

2

日《ひ》に当《あ》てて、それぞれの色《いろ》の温度《おんど》を放射温度計《ほうしゃおんどけい》で測《はか》り、記録《きろく》する。

実験《じっけん》のまとめかた

紙《かみ》の温度《おんど》を放射温度計《ほうしゃおんどけい》で測《はか》り、それぞれ何度《なんど》になったかを表《ひょう》にまとめてみよう。

紙《かみ》の色《いろ》	紙《かみ》の温度《おんど》		
	日《ひ》に当《あ》てる前《まえ》	1分後《ぶんご》	5分後《ふんご》
赤《あか》	22.5	33.5	40.0
青《あお》	22.5	35.5	41.5
緑《みどり》	22.5	36.5	44.5
黄《き》	22.5	31.5	37.0
黒《くろ》	22.5	43.5	58.0

ためしてみよう

太陽《たいよう》に当《あ》てるものをいろいろくらべてみよう。何《なに》が早《はや》く温《あたた》まるかな？

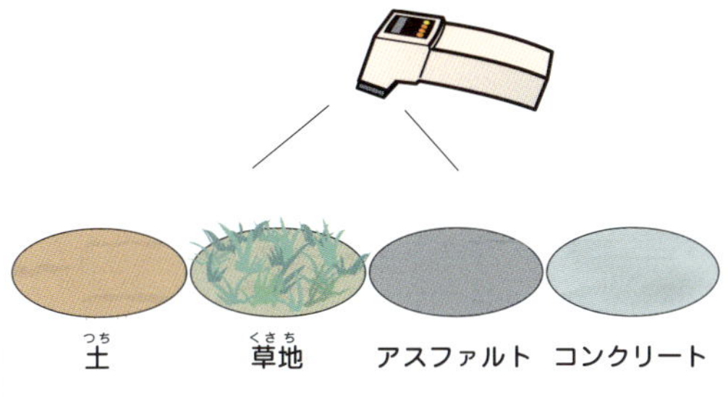

この実験《じっけん》でわかること

黒《くろ》い色《いろ》がもっとも温度《おんど》が高《たか》くなり、次《つぎ》に緑《みどり》、青《あお》、赤《あか》で、黄色《きいろ》は温《あたた》まりかたが弱《よわ》くなることがわかります。また、数分《すうふん》するとそれぞれの色《いろ》はだいたい一定《いってい》の温度《おんど》になりますが、風《かぜ》が吹《ふ》くと温度《おんど》がさがることがわかります。

もっと調《しら》べてみよう

夏《なつ》の暑《あつ》さを防《ふせ》ぐ町《まち》づくり

コンクリートの建物《たてもの》やアスファルトの道路《どうろ》におおわれた町《まち》の中《なか》では、夏《なつ》がとても暑《あつ》く感《かん》じます。夏《なつ》の暑《あつ》さを防《ふせ》ぐためには、どのような町《まち》にすればよいのでしょうか。

7 地球温暖化《ちきゅうおんだんか》はなぜ起《お》こる?

知《し》りたい 地球《ちきゅう》が温暖化《おんだんか》しているといわれています。地球温暖化《ちきゅうおんだんか》はなぜ起《お》こるのでしょうか。地球温暖化《ちきゅうおんだんか》が進《すす》むとどうなってしまうのでしょうか?

まずは、地球温暖化《ちきゅうおんだんか》と関《かか》わりの強《つよ》い「温室効果《おんしつこうか》」という地球大気《ちきゅうたいき》の性質《せいしつ》について勉強《べんきょう》してみよう。

地球《ちきゅう》の熱《ねつ》の出入《でい》りと温室効果《おんしつこうか》

太陽《たいよう》の光《ひかり》はいつも地球《ちきゅう》の半《はん》分《ぶん》に当《あ》たっています。太陽《たいよう》からはおもに目《め》に見《み》える光《ひかり》(可《か》視光線《しこうせん》)がやってきます。これらは地球《ちきゅう》の表面《ひょうめん》で熱《ねつ》に変《か》わり、地球《ちきゅう》を温《あたた》めています。また、地球《ちきゅう》が発《はっ》する熱《ねつ》は赤《せき》外線《がいせん》という形《かたち》で宇宙《うちゅう》へにげています。

地球《ちきゅう》の大気《たいき》には、二《に》酸化炭素《さんかたんそ》が0.04%、水蒸気《すいじょうき》が0~4%(場《ば》所《しょ》によって大《おお》きく変《か》わる)ふくまれている。これらの気体《きたい》は地球《ちきゅう》からにげようとする赤《せき》外線《がいせん》を吸収《きゅうしゅう》しやすく、地表《ちひょう》を暖《あたた》めた状態《じょうたい》で安定《あんてい》させる。
入《はい》ってくる熱《ねつ》と出《で》ていく熱《ねつ》がつり合《あ》って、地球《ちきゅう》の気温《きおん》は毎年《まいとし》だいたい同《おな》じになっている。あらゆる場所《ばしょ》や季節《きせつ》の気温《きおん》を合《あ》わせて平均《へいきん》すると、地球《ちきゅう》の気温《きおん》はだいたい15℃で、日本《にっぽん》の平均気温《へいきんきおん》とほぼ同《おな》じ。
太陽《たいよう》
熱《ねつ》
宇宙《うちゅう》に逃《に》げる熱《ねつ》
地表《ちひょう》から出《で》る熱《ねつ》
地表《ちひょう》にもどる熱《ねつ》

この地球《ちきゅう》が温《あたた》められているしくみは、中《なか》の熱《ねつ》がにげない温室《おんしつ》(ビニールハウスなど)と似《に》ているので、温室効果《おんしつこうか》といわれます。もし、大気中《たいきちゅう》に二酸化炭素《にさんかたんそ》や水蒸気《すいじょうき》がなかったら、地球《ちきゅう》の熱《ねつ》はもっと宇宙《うちゅう》ににげてしまいます。そして、地球《ちきゅう》の平均気温《へいきんきおん》は30℃以上《いじょう》もさがって、世界中《せかいじゅう》が氷《こおり》におおわれてしまうことでしょう。

それでは温室効果《おんしつこうか》と地球温暖化《ちきゅうおんだんか》のかかわりを学《まな》んでみよう。

温室効果《おんしつこうか》と地球温暖化《ちきゅうおんだんか》

人間《にんげん》が石炭《せきたん》や石油《せきゆ》などの化石《かせき》燃料《ねんりょう》を産業《さんぎょう》で使《つか》いはじめてから、地球《ちきゅう》の平均気温《へいきんきおん》が少《すこ》しずつ上昇《じょうしょう》しています。人間活動《にんげんかつどう》によって排出《はいしゅつ》される二酸化炭素《にさんかたんそ》などが大気中《たいきちゅう》に増《ふ》え、温室効果《おんしつこうか》が強《つよ》まっているのが原因《げんいん》と考《かんが》えられています。これが、現在地球規《げんざいちきゅうき》模《ぼ》で問題《もんだい》となっている地球温暖《ちきゅうおんだん》化《か》です。

工場《こうじょう》から出《で》る二酸化炭素《にさんかたんそ》
メタンや一酸化二窒素《いっさんかにちっそ》、ハローカーボン類《るい》などの気体《きたい》も強《つよ》い温室効果《おんしつこうか》をもっていて、その放出《ほうしゅつ》が心配《しんぱい》されている
太陽《たいよう》
熱《ねつ》
宇宙《うちゅう》に逃《に》げる熱《ねつ》
地表《ちひょう》から出《で》る熱《ねつ》が増《ふ》える
地表《ちひょう》にもどる熱《ねつ》も増《ふ》える
家庭《かてい》の暖房《だんぼう》などから出《で》る二酸化炭素《にさんかたんそ》
自動車《じどうしゃ》が出《だ》す排気《はいき》ガス

地球温暖化《ちきゅうおんだんか》の影響《えいきょう》

最近《さいきん》の報告《ほうこく》によると、世界《せかい》の気温《きおん》は、2005年《ねん》までの100年間《ねんかん》で0.74℃上昇《じょうしょう》しました。そのため氷《ひょう》河《が》や大陸上《たいりくじょう》の氷《こおり》がとけ出《だ》し、海面《かいめん》が少《すこ》しずつ上昇《じょうしょう》しています。

北極《ほっきょく》などの極地方《きょくちほう》では特《とく》に気温《きおん》の上昇《じょうしょう》が大《おお》きく、氷《こおり》でおおわれている面積《めんせき》がへっている。

大雨《おおあめ》や暴風《ぼうふう》、熱波《ねっぱ》や干《かん》ばつなど、異常気象《いじょうきしょう》が世界的《せかいてき》に増《ふ》えているといわれている。

●地球全体《ちきゅうぜんたい》の平均気温《へいきんきおん》の変化《へんか》

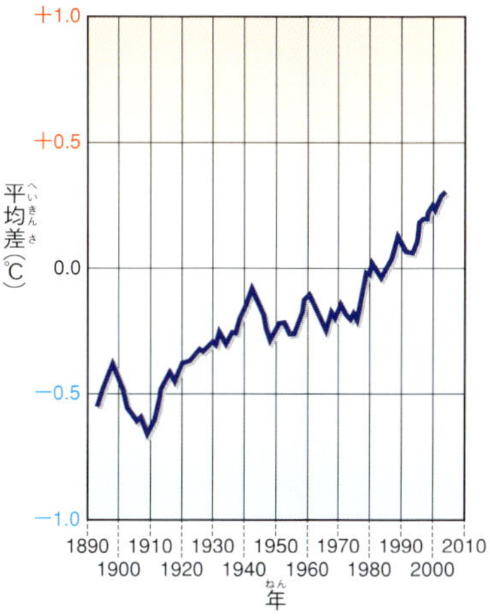

地球温暖化《ちきゅうおんだんか》が進《すす》むとどうなる？

地球温暖化《ちきゅうおんだんか》のけい向《こう》は世界的《せかいてき》な会議《かいぎ》で明《あき》らかにされました。これからの人間《にんげん》の環境《かんきょう》への取《と》り組《く》みによっては大《おお》きく変《か》わりますが、21世紀中《せいきちゅう》に地球《ちきゅう》の平均気温《へいきんきおん》は1～6℃上昇《じょうしょう》するといわれています。

海面《かいめん》の高《たか》さが20～60cm《センチメートル》程度《ていど》上昇《じょうしょう》し、海《うみ》にしずんでしまう島《しま》や都市《とし》が出《で》てくると考《かんが》えられている。

これまでにない早《はや》さで地球温暖化《ちきゅうおんだんか》が進《すす》むと、動植物《どうしょくぶつ》が環境《かんきょう》の変化《へんか》にたえられなくなり、種《しゅ》が絶《ぜつ》めつしたり数《かず》がへって、自然《しぜん》のバランスがくずれると心配《しんぱい》されている。

動植物《どうしょくぶつ》が生存《せいぞん》の危機《きき》にさらされることで、人間《にんげん》も食《しょく》りょう不足《ぶそく》や水不足《みずぶそく》の影響《えいきょう》を受《う》けると考《かんが》えられる。

もっと調《しら》べてみよう

地球温暖化《ちきゅうおんだんか》に対《たい》する取《と》り組《く》み

今《いま》、国際会議《こくさいかいぎ》でこれらの事実《じじつ》を確認《かくにん》し、地球温暖化《ちきゅうおんだんか》を少《すこ》しでもへらそうと、さまざまな対策《たいさく》が考《かんが》えられています。そうした対策《たいさく》を調《しら》べて、地球温暖化《ちきゅうおんだんか》に対《たい》して自分《じぶん》なりに何《なに》ができるのかを考《かんが》えてみましょう。

お天気《てんき》コラム vol.4

ジェット機《き》の外《そと》はどんな空《そら》？

ジェット機《き》から見《み》える空《そら》や雲《くも》

高度《こうど》1万《まん》メートルを飛行《ひこう》するジェット機《き》に乗《の》ったことがありますか？　ジェット機《き》は新幹線《しんかんせん》の3倍《ばい》くらいの速《はや》さで飛《と》びますが、高《たか》い空《そら》の上《うえ》では、景色《けしき》はゆっくりと変《か》わっていきます。

窓《まど》から外《そと》を見《み》ると、青空《あおぞら》はいつもより濃《こ》い色《いろ》をしています。また、いつも見上《みあ》げていた雲《くも》のほとんどが下《した》に見《み》えます。ときどき積乱雲《せきらんうん》のてっぺんや巻雲《けんうん》が、ジェット機《き》の横《よこ》を通過《つうか》することもあり、それらの高《たか》い雲《くも》が淡《あわ》く広《ひろ》がっていたり、すじのような形《かたち》をしていたりすることが確認《かくにん》できます。

この高《たか》さの雲《くも》はみんな、小《ちい》さな氷《こおり》の粒《つぶ》からできています。外《そと》の気温《きおん》は、－40℃から－55℃にもなっていて、とても寒《さむ》いです。そのため、ジェット機《き》の窓《まど》に小《ちい》さな霜《しも》がついていることもあります。

ジェット機《き》の窓《まど》から見《み》た積乱雲《せきらんうん》

高《たか》さ1万《まん》メートルの恐《こわ》くて美《うつく》しい世界《せかい》

1万《まん》メートルの高《たか》さでは、外《そと》の気圧《きあつ》は地上《ちじょう》の4分《ぶん》の1くらいになっています。つまり、空気《くうき》の濃《こ》さが4分《ぶん》の1にうすくなっているのです。気温《きおん》が低《ひく》いだけでなく、空気《くうき》も少《すく》ないのです。もし人間《にんげん》が機内《きない》から飛《と》び出《で》れば、体《からだ》はふくらもうとするでしょうし、冷凍《れいとう》してしまうことでしょう。とても恐《おそ》ろしい世界《せかい》です。

みなさんは、それらを忘《わす》れて、窓《まど》から外《そと》の世界《せかい》を楽《たの》しむことができます。特《とく》に太陽《たいよう》がのぼったり沈《しず》んだりするころは、空《そら》の色《いろ》が地上《ちじょう》よりもあざやかに色《いろ》づきます。太陽《たいよう》が地球《ちきゅう》のはるかかなたにあることもわかります。

そして夜《よる》になると、ほとんど晴《は》れていますから、たくさんの輝《かがや》く星《ほし》を見《み》ることができます。窓《まど》に顔《かお》をつけて、毛布《もうふ》などをかぶって室内《しつない》の光《ひかり》をさえぎってみましょう。目《め》がなれてくると、だんだんとたくさんの星《ほし》が見《み》えてきます。

第《だい》5章《しょう》

空《そら》の色《いろ》や光《ひかり》を考《かんが》えよう

なぜ海《うみ》が青《あお》いのか、どうしてしんきろうができるのかも、調《しら》べてみよう!
空《そら》が青《あお》くて、夕《ゆう》日《ひ》が赤《あか》いのはどうしてなのかしら?

1 空《そら》が青《あお》いのはどうして？

知《し》りたい どうして空《そら》は青《あお》いのでしょう。海《うみ》が青《あお》いのも同《おな》じ理由《りゆう》でしょうか？

きれいな青空《あおぞら》だね。でも、空《そら》はなぜ青《あお》いのだろう？

冬《ふゆ》の青空《あおぞら》（新潟県《にいがたけん》）

空《そら》と海《うみ》が青《あお》く見《み》えるしくみ

空《そら》が青《あお》いのは空気《くうき》があるからです。太陽《たいよう》の光《ひかり》には、青《あお》、緑《みどり》、赤《あか》などのいろいろな色《いろ》がふくまれています。その光《ひかり》が空気分子《くうきぶんし》に当《あ》たると、青色《あおいろ》の光《ひかり》などが多《おお》く散《ち》らばります。空《そら》に散《ち》らばった多《おお》くの青色《あおいろ》の光《ひかり》のために、私《わたし》たちの目《め》には空《そら》が青《あお》く見《み》えるのです。また、太陽《たいよう》の光《ひかり》が海《うみ》の水《みず》に入《はい》ると、赤色《あかいろ》などの光《ひかり》が吸収《きゅうしゅう》されてしまいます。残《のこ》った青《あお》っぽい色《いろ》の光《ひかり》が私《わたし》たちの目《め》に届《とど》き、海《うみ》も青《あお》く見《み》えるのです（→P.92）。

空気分子《くうきぶんし》
地面《じめん》

実験《じっけん》してみよう 青空《あおぞら》をつくろう

水《すい》そうの中《なか》にも青空《あおぞら》をつくることができます。ゆか用《よう》ワックス（または牛乳《ぎゅうにゅう》）を混《ま》ぜた水《みず》を空気《くうき》と考《かんが》えます。太陽光《たいようこう》を当《あ》ててもいいのですが、場所《ばしょ》がかぎられるので、暗《くら》い部屋《へや》で明《あか》るい懐中電灯《かいちゅうでんとう》を使《つか》うとわかりやすいです。

用意《ようい》するもの

- 水《みず》
- ゆか用《よう》ワックス　または牛乳《ぎゅうにゅう》
- 水《すい》そう
- 懐中電灯《かいちゅうでんとう》

1

水《すい》そうに水《みず》をたっぷり入《い》れ、ゆか用《よう》ワックス（または牛《ぎゅう》乳《にゅう》）を少《すこ》し加《くわ》えて、水《みず》を少《すこ》しにごらせる。

空《そら》の色《いろ》と光《ひかり》の波長《はちょう》

太陽《たいよう》の光《ひかり》のうち、青色《あおいろ》の光《ひかり》が散《ち》らばりやすいのは、光《ひかり》の波長《はちょう》に関係《かんけい》があります。光《ひかり》は波《なみ》のように進《すす》む性質《せいしつ》があり、その波《なみ》の山《やま》から山《やま》までを波長《はちょう》といいます。太陽《たいよう》の光《ひかり》のうち、青色《あおいろ》の光《ひかり》はもっとも波長《はちょう》が短《みじか》く、赤色《あかいろ》の光《ひかり》はもっとも波長《はちょう》が長《なが》いのです。光《ひかり》が大気中《たいきちゅう》を進《すす》む間《あいだ》に、波長《はちょう》の短《みじか》い光《ひかり》は長《なが》い光《ひかり》より空気分子《くうきぶんし》やちりに当《あ》たりやすく、散《ち》らばりやすくなります。

2

懐中電灯《かいちゅうでんとう》の光《ひかり》を上《うえ》から当《あ》てると、まわりの水《みず》は青《あお》みがかった色《いろ》になる。

この実験《じっけん》でわかること

この実験《じっけん》ではゆか用《よう》ワックス（牛乳《ぎゅうにゅう》）の粒《つぶ》が空気分子《くうきぶんし》と同《おな》じような役目《やくめ》をして、青色《あおいろ》の光《ひかり》などを散《ち》らしています。そのため空《そら》が青《あお》いことと同《おな》じように、水《すい》そうの水《みず》は青《あお》っぽく見《み》えます。

もっと調《しら》べてみよう

空《そら》の一番青《いちばんあお》い場所《ばしょ》を探《さが》そう

青空《あおぞら》はどこでも同《おな》じように青《あお》いわけではありません。空《そら》のどこがもっとも青《あお》いでしょうか。また、火星《かせい》の昼《ひる》間《ま》の空《そら》は赤《あか》っぽい色《いろ》をしているようです。どうしてでしょうか。

2 どうして夕日《ゆうひ》は赤《あか》い？

知《し》りたい 晴《は》れた日《ひ》の昼間《ひるま》の太陽《たいよう》は、白《しろ》っぽく見《み》えます。太陽《たいよう》の色《いろ》そのものは変《か》わらないはずなのに、どうして夕日《ゆうひ》は赤《あか》く見《み》えるのでしょうか？

夕日《ゆうひ》が空《そら》や海《うみ》を
まっ赤《か》に染《そ》めて
いるね。夕日《ゆうひ》が
赤《あか》くなる理由《りゆう》は
何《なん》なのかな？

日本海《にほんかい》の夕日《ゆうひ》（石川県《いしかわけん》）

夕日《ゆうひ》が赤《あか》く見《み》えるしくみ

空《そら》が青《あお》く見《み》えるのは、太陽《たいよう》の光《ひかり》にふくまれる青色《あおいろ》が空気《くうき》によって多《おお》く散《ち》らばるからです（→P.82）。太陽《たいよう》の高《たか》さが低《ひく》くなる夕日《ゆうひ》のとき、太陽《たいよう》の光《ひかり》は空気《くうき》の中《なか》をななめに、昼間《ひるま》より長《なが》い距離《きょり》を通《とお》って届《とど》きます。つまり、昼間《ひるま》より長《なが》い距離《きょり》を通《とお》る分《ぶん》、青《あお》っぽい光《ひかり》はどんどん少《すく》なくなって、赤《あか》っぽい光《ひかり》ばかりが地表《ちひょう》に届《とど》くことになるのです。これが夕日《ゆうひ》が赤《あか》く見《み》える理由《りゆう》です。

空気分子《くうきぶんし》
赤《あか》っぽい光《ひかり》は地面《じめん》に届《とど》く

実《じっ》験《けん》してみよう 赤《あか》い夕日《ゆうひ》をつくろう

青空《あおぞら》をつくる実験《じっけん》(→P.83)で気《き》がついたかもしれませんが、水《みず》の中《なか》の光線《こうせん》はだんだん赤《あか》っぽくなっていきます。ゆか用《よう》ワックス(または牛乳《ぎゅうにゅう》)を多《おお》めに入《い》れると、赤《あか》みが強《つよ》くなってわかりやすくなります。

用意《ようい》するもの

- 水《すい》そう
- 水《みず》
- ゆか用《よう》ワックス または牛乳《ぎゅうにゅう》
- 懐中電灯《かいちゅうでんとう》

1

水《すい》そうに水《みず》をたっぷり入《い》れ、ゆか用《よう》ワックス(または牛乳《ぎゅうにゅう》)をたくさん加《くわ》えて、青空《あおぞら》をつくる実験《じっけん》よりも水《みず》をにごらせる。

2

懐中電灯《かいちゅうでんとう》の光《ひかり》を横《よこ》やななめから当《あ》てる。

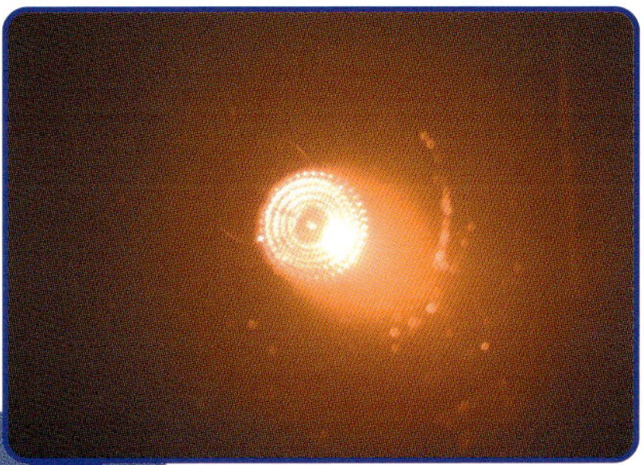

光《ひかり》と反対《はんたい》のほうから見《み》ると、光《ひかり》は夕日《ゆうひ》のように赤《あか》っぽく見《み》えます。

光《ひかり》に近《ちか》いほうから青《あお》、黄《き》、だいだい、赤《あか》という色《いろ》の変化《へんか》が見《み》られます。

この実験《じっけん》でわかること

水《みず》の中《なか》でだんだんと青《あお》っぽい色《いろ》がなくなっていき、光《ひかり》が黄色《きいろ》やだいだい色《いろ》、そして赤《あか》色《いろ》に変化《へんか》していくことがわかります。

もっと調《しら》べてみよう

色《いろ》のついた光《ひかり》でためそう

同《おな》じ実験《じっけん》を色《いろ》のついた光《ひかり》でおこなってみましょう。懐中電灯《かいちゅうでんとう》にさまざまな色《いろ》のついたセロハンをつけて実《じっ》験《けん》をします。水《みず》の中《なか》を通《とお》る光《ひかり》はどのような色《いろ》になるのでしょうか。

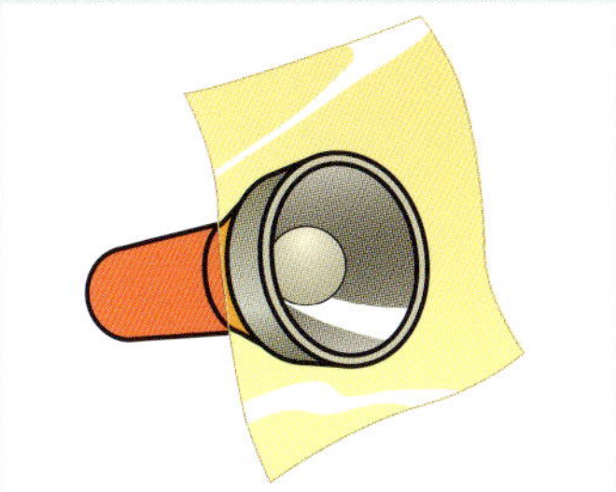

3 夕焼《ゆうや》け空《ぞら》の色《いろ》が違《ちが》うのはどうして？

知《し》りたい 夕焼《ゆうや》けは、空《そら》の場所《ばしょ》によってさまざまな色《いろ》が見《み》られます。どうして、夕日《ゆうひ》と同《おな》じ赤一色《あかいっしょく》にならないのでしょうか？

夕焼《ゆうや》け（沖縄県《おきなわけん》）

なんてカラフルな夕焼《ゆうや》け空《ぞら》なんだろう。

夕焼《ゆうや》け雲《ぐも》（千葉県《ちばけん》）

これだから、天気《てんき》の観察《かんさつ》はやめられないね。

夕焼《ゆうや》け空《ぞら》の色《いろ》の違《ちが》い

雲《くも》のないすんだ空《そら》の夕焼《ゆうや》けでは、上《うえ》の空《そら》が青《あお》、そこから西《にし》の地平線《ちへいせん》にかけて黄《き》、だいだい、赤《あか》などの色《いろ》に変《か》わっていきます。太陽《たいよう》の高《たか》さが低《ひく》くなる夕方《ゆうがた》、空気《くうき》の中《なか》をたくさん通《とお》ってきた太陽《たいよう》からの光《ひかり》はだんだんと赤《あか》みを増《ま》します（→P.84）。空《そら》の場所《ばしょ》によって、太陽《たいよう》の光《ひかり》が空気《くうき》の中《なか》を通《とお》る距離《きょり》などが変《か》わり、空《そら》にさまざまな色《いろ》がついたように見《み》えるのです。
また、雲《くも》は夕日《ゆうひ》の光《ひかり》を受《う》けて色《いろ》づきます。これを夕焼《ゆうや》け雲《ぐも》といい、西《にし》の空《そら》に雲《くも》が広《ひろ》がっているときには、空一面《そらいちめん》が赤色《あかいろ》に見《み》えることがあります。

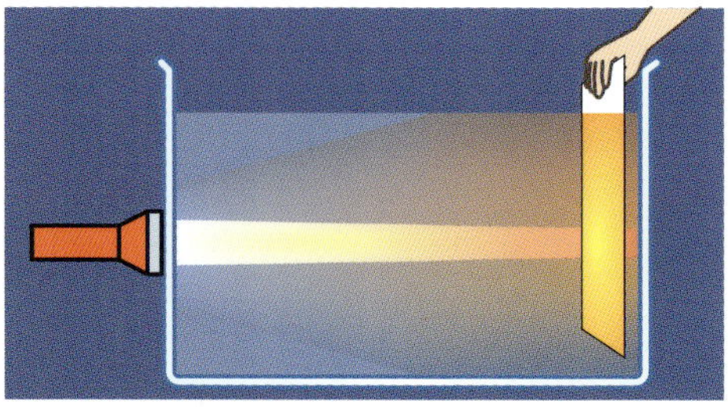
夕日《ゆうひ》をつくる実験《じっけん》（→P.85）の水《すい》そうの中《なか》に白《しろ》い厚紙《あつがみ》を入《い》れると、夕焼《ゆうや》け雲《ぐも》をつくることができる。

観《かん》察《さつ》してみよう　いろいろな夕《ゆう》焼《や》け空《ぞら》を見《み》てみよう

雲《くも》がないきれいな空《そら》では、太陽《たいよう》がしずむころから、赤《あか》、だいだい、黄《き》などの色《いろ》が西《にし》の空《そら》に広《ひろ》がります。雲《くも》は太陽《たいよう》の光《ひかり》の色《いろ》に染《そ》まり、夕焼《ゆうや》け雲《ぐも》となります。また、夕焼《ゆうや》け空《ぞら》は季節《きせつ》や場所《ばしょ》で見《み》えかたがちがうので、定期的《ていきてき》に観察《かんさつ》しましょう。

用《よう》意《い》するもの

- カメラ
  またはスケッチブック

冬《ふゆ》の夕焼《ゆうや》け空《ぞら》

タンカーが行《い》き来《き》する東京湾《とうきょうわん》に赤《あか》い夕日《ゆうひ》がしずむ。乾燥《かんそう》して風《かぜ》のある冬《ふゆ》は夕日《ゆうひ》がまぶしい。

ハワイの夕焼《ゆうや》け空《ぞら》

ハワイでは夕日《ゆうひ》はあまり赤《あか》くならず、とてもまぶしいまま水平線《すいへいせん》にしずんでいく。空《そら》も赤《あか》みが少《すく》なく、急《きゅう》に夜《よる》の暗《くら》さがやってくる。

雨《あめ》あがりの夕焼《ゆうや》け空《ぞら》

雨雲《あまぐも》が残《のこ》っているところに赤《あか》い夕日《ゆうひ》が現《あらわ》れ、雲《くも》が赤《あか》くかがやく。雲《くも》が速《はや》く動《うご》いている。

台風《たいふう》が去《さ》ったあとの夕焼《ゆうや》け空《ぞら》

台風《たいふう》が空気《くうき》のよごれを取《と》り除《のぞ》くので、台風《たいふう》が去《さ》ったあとはとてもきれいな空《そら》が広《ひろ》がる。沈《しず》んだ太陽《たいよう》で雲《くも》が赤《あか》く染《そ》まる。

いろいろな夕焼《ゆうや》けがあるのね。わたしもハワイの夕焼《ゆうや》けを見《み》てみたいな。

もっと調《しら》べてみよう

日《ひ》や場所《ばしょ》を変《か》えて夕焼《ゆうや》け空《ぞら》を観察《かんさつ》しよう

夕方《ゆうがた》の空《そら》の観察《かんさつ》を続《つづ》けてみると、夕焼《ゆうや》けの様子《ようす》が毎日《まいにち》ちがうことがわかります。これは、天気《てんき》のちがいなどが関係《かんけい》しているようです。また、飛行機《ひこうき》にのったとき空《そら》の上《うえ》からながめる夕焼《ゆうや》け空《ぞら》は、どのように見《み》えるのでしょうか。機会《きかい》があったら観察《かんさつ》してみよう。

4 どうして空《そら》の色《いろ》がにごって見《み》える？

知《し》りたい 昼間《ひるま》でも空《そら》があまり青《あお》くない日《ひ》や、夕日《ゆうひ》のかがやきがない日《ひ》があります。どうしてなのでしょうか？

せっかくの景色《けしき》がぼやけてよく見《み》えないよ。
これは、空気《くうき》がよごれているせいなんだ。では、どうして空気《くうき》がよごれていると、空《そら》がにごって見《み》えるんだろうね。

東京湾上空《とうきょうわんじょうくう》

空《そら》の色《いろ》がにごって見《み》えるしくみ

空《そら》には空気以外《くうきいがい》にも、小《ちい》さな水滴《すいてき》、砂《すな》やほこり、花粉《かふん》、工場《こうじょう》や家庭《かてい》から出《で》るけむりやよごれなどいろいろなものが混《ま》ざっていて、それらが多《おお》いと青空《あおぞら》も夕日《ゆうひ》も見《み》られなくなります。特《とく》に空気《くうき》がしめった季節《きせつ》や、花粉《かふん》や黄砂《こうさ》の多《おお》い春《はる》などは、晴《は》れていても空《そら》の色《いろ》があざやかではありません。また、大《おお》きな火山噴火《かざんふんか》があると、その火山灰《かざんばい》などによって、朝焼《あさや》けや夕《ゆう》焼《や》けが変《か》わった色《いろ》になることがあります。

空気分子《くうきぶんし》
ちり

実《じっ》験《けん》してみよう　にごった空《そら》の色《いろ》をつくろう

ゆか用《よう》ワックスを入《い》れた水《みず》を空気《くうき》に見立《みた》て、そこにクレンザーや歯《は》みがき粉《こ》を入《い》れます。大《おお》きな粒《つぶ》でできているクレンザーなどは、空気中《くうきちゅう》のちりなどのよごれと考《かんが》えられます。光《ひかり》を当《あ》てると、青《あお》や赤《あか》に色《いろ》が分《わ》かれることが少《すく》なくなり、全体《ぜんたい》がにごった白《しろ》っぽい状態《じょうたい》になります。

用《よう》意《い》するもの

- 水《すい》そう　2個《こ》
- ゆか用《よう》ワックスまたは牛乳《ぎゅうにゅう》
- 水《みず》
- 太陽《たいよう》の光《ひかり》または電灯《でんとう》
- クレンザーまたは歯《は》みがき粉《こ》

青空《あおぞら》をつくる実験《じっけん》(→P.83)、夕日《ゆうひ》をつくる実《じっ》験《けん》(→P.85)と同《おな》じ、にごった水《みず》を用意《ようい》する。両方《りょうほう》に同量《どうりょう》のクレンザー(または歯《は》みがき粉《こ》)を入《い》れる。

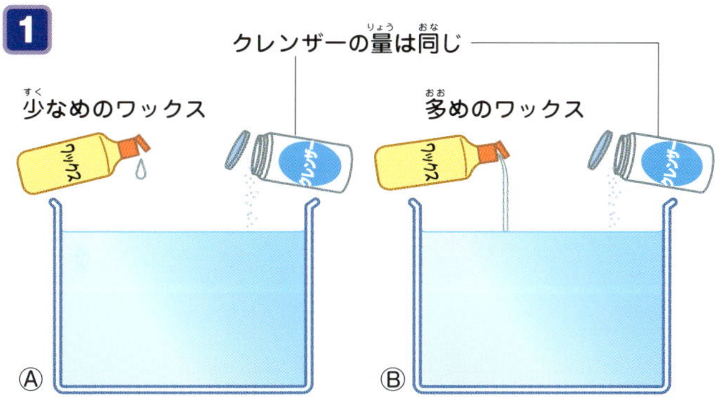
1
クレンザーの量《りょう》は同《おな》じ
少《すく》なめのワックス
多《おお》めのワックス
ワックス
クレンザー
Ⓐ
Ⓑ

青空《あおぞら》をつくる実験《じっけん》

夕日《ゆうひ》をつくる実験《じっけん》

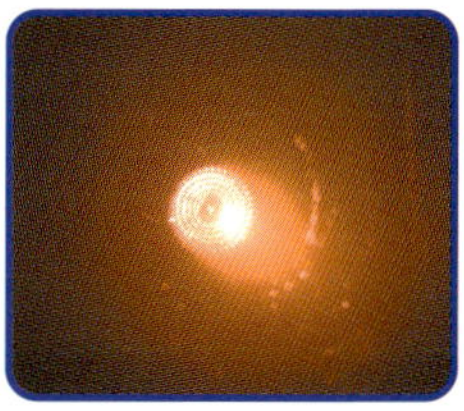

青空《あおぞら》をつくる実験《じっけん》のときより、まわりの色《いろ》が白《しろ》くにごって見《み》える。

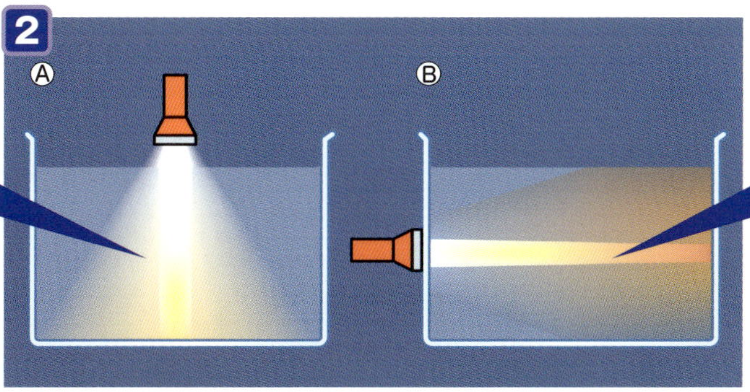
2
Ⓐ
Ⓑ

太陽《たいよう》の光《ひかり》か懐中電灯《かいちゅうでんとう》の光《ひかり》を当《あ》てて2つの水《みず》の様子《ようす》のちがいを見《み》る。

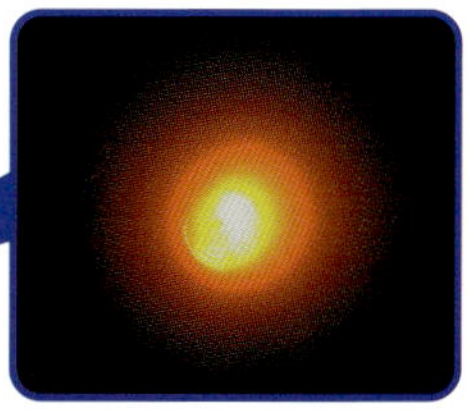

夕日《ゆうひ》をつくる実験《じっけん》のときより、光《ひかり》が弱《よわ》い。

この実験《じっけん》でわかること

小《ちい》さな粒《つぶ》の混《ま》ざっている水《みず》を通《とお》るとき、波長《はちょう》の短《みじか》い色《いろ》の光《ひかり》は散《ち》らばりやすく、波長《はちょう》の長《なが》い色《いろ》の光《ひかり》はあまり散《ち》らばらずに進《すす》みます。一方《いっぽう》、大《おお》きな粒《つぶ》の場合《ばあい》、波長《はちょう》の長《なが》さに関係《かんけい》なく、光《ひかり》は粒《つぶ》にぶつかって散《ち》らばりやすくなります。実際《じっさい》の空《そら》でも、ちりが多《おお》い日《ひ》には太陽《たいよう》の光《ひかり》がちらばりやすく、空全体《そらぜんたい》が白《しろ》っぽく見《み》えます。

空気分子《くうきぶんし》

ちりが少《すく》ない日《ひ》の太陽《たいよう》の光《ひかり》　ちりが多《おお》い日《ひ》の太陽《たいよう》の光《ひかり》

5 しんきろうの正体《しょうたい》は何《なに》？

知《し》りたい しんきろうは、どのようにしてできるのでしょう？
また、ふつうどのように見《み》えるのでしょうか？

工場《こうじょう》が海《うみ》に浮《う》かんで見《み》えるよ！

冬《ふゆ》のしんきろう（茨城県《いばらきけん》）

しんきろうのしくみ

海《うみ》の向《む》こうの建物《たてもの》や船《ふね》が、浮《う》きあがったり、逆《さか》さまに見《み》えたりするのが「しんきろう」です。これは、気温《きおん》が急《きゅう》に上下《じょうげ》する場所《ばしょ》でよく見《み》られます。しんきろうが見《み》られることで有名《ゆうめい》な富《と》山湾《やまわん》では、春《はる》になるとつめたい海《うみ》の上《うえ》に暖《あたた》かい空気《くうき》がやってきて、物《もの》が上《うえ》にのびたり、上《うえ》のほうにひっくり返《かえ》ったように見《み》えます（上方《じょうほう》しんきろう）。冬《ふゆ》には、比較的暖《ひかくてきあたた》かい海《うみ》の上《うえ》につめたい空気《くうき》がやってくると、下《した》に反射《はんしゃ》するようなしんきろうが全国的《ぜんこくてき》に見《み》られます（下方《かほう》しんきろう）。

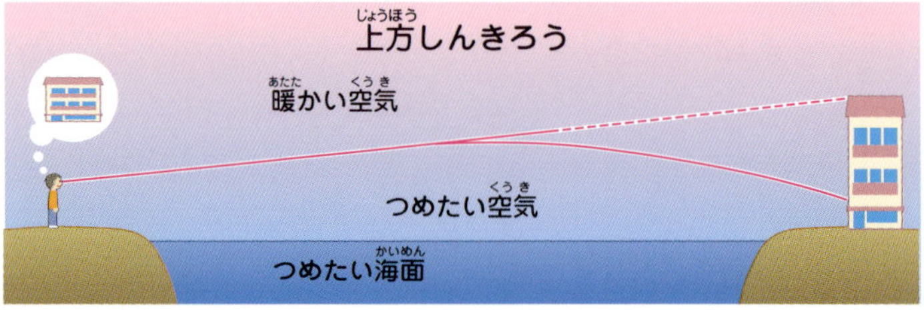
上方《じょうほう》しんきろう
暖《あたた》かい空気《くうき》
つめたい空気《くうき》
つめたい海面《かいめん》

建物《たてもの》から出《で》た光《ひかり》のうち上向《うわむ》きに出《で》た光《ひかり》が、暖《あたた》かい空気《くうき》とつめたい空気《くうき》の境《さかい》で屈折《くっせつ》してできるしんきろう。

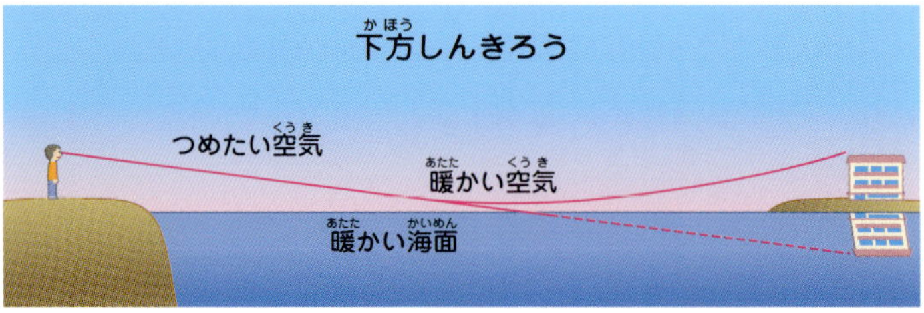
下方《かほう》しんきろう
つめたい空気《くうき》
暖《あたた》かい空気《くうき》
暖《あたた》かい海面《かいめん》

建物《たてもの》から出《で》た光《ひかり》のうち下向《したむ》きに出《で》た光《ひかり》が、つめたい空気《くうき》と暖《あたた》かい空気《くうき》の境《さかい》で屈折《くっせつ》してできるしんきろう。

実《じっ》験《けん》してみよう しんきろうをつくろう

しんきろうは、空気《くうき》の濃《こ》さ（密度《みつど》）のちがいによって光《ひかり》が曲《ま》がることで起《お》こります。水《みず》の密度《みつど》のちがいを利用《りよう》して、しんきろうを見《み》ることもできます。この実験《じっけん》では塩水《しおみず》を使《つか》って、水《みず》の密度《みつど》をあげます。塩水《しおみず》は重《おも》たいので下《した》にとどまり、しばらく混《ま》ざることはありません。

用《よう》意《い》するもの

- 水《すい》そう
- 水《みず》
- 塩《しお》
- ロート
- ボールなど（見《み》たい物《もの》でよい）

1

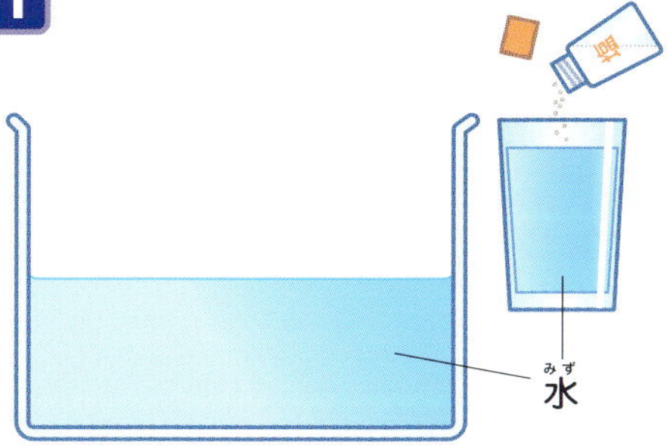

水《すい》そうに半分《はんぶん》程度《ていど》の深《ふか》さまで水《みず》を入《い》れる。コップの水《みず》に塩《しお》を加《くわ》えて濃《こ》い塩水《しおみず》をつくる。

2

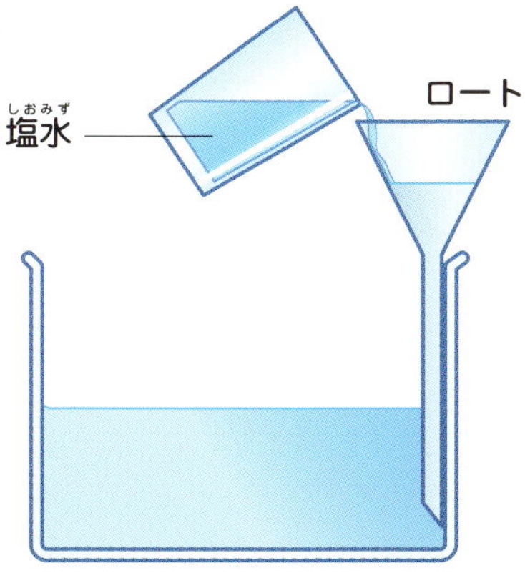

塩水《しおみず》を、水《すい》そうの下《した》のほうにロートでゆっくりと流《なが》しこむ。水《すい》そうの中《なか》に、上《うえ》に水《みず》、下《した》に塩《しお》水《みず》の2つの層《そう》ができる。

3 水《すい》そうの向《む》こう側《がわ》にボールなどの物《もの》を置《お》き、水《みず》と塩水《しおみず》の境界《きょうかい》付近《ふきん》を上下《じょうげ》しながら見《み》ると、物《もの》がさまざまに変形《へんけい》して見《み》える。

●変形《へんけい》して見《み》えるボール1

北海道沿岸《ほっかいどうえんがん》のつめたい海《うみ》の上《うえ》で、四角《しかく》い太陽《たいよう》が見《み》られる現象《げんしょう》と似《に》ている。ボールの下《した》のほうがのびているように見《み》える。

●変形《へんけい》して見《み》えるボール2

見《み》る目《め》の高《たか》さを変《か》えると、ボールはさまざまな形《かたち》になる。太陽《たいよう》がこのような形《かたち》に見《み》えることもある。

この実験《じっけん》でわかること

この実験《じっけん》では、春《はる》の富山湾《とやまわん》や北海道東部《ほっかいどうとうぶ》の海岸付近《かいがんふきん》で見《み》られる、上《うえ》にのびあがるしんきろうが見《み》られます。視線《しせん》を動《うご》かすとさまざまな形《かたち》に変化《へんか》して見《み》えるので、もっとものびて見《み》える位置《いち》を探《さが》してみましょう。また、上《うえ》に反射《はんしゃ》したように見《み》える位置《いち》もあります。

POINT

下《した》に反射《はんしゃ》するしんきろう

下《した》に反射《はんしゃ》するようなしんきろうをつくるには、どうしたらよいでしょうか。この実験《じっけん》と逆《ぎゃく》の層《そう》をつくれば見《み》えるはずですが、上《うえ》に塩水《しおみず》、下《した》に水《みず》の層《そう》をつくることはできません。この実《じっ》験《けん》を逆《さか》さにして考《かんが》えるとよいでしょう。

6 海《うみ》はどうして青《あお》い？

知《し》りたい どうして海《うみ》は青《あお》いのでしょう？
空《そら》の青《あお》さが海《うみ》の水《みず》に映《うつ》っているからでしょうか？

海中《かいちゅう》の様子《ようす》（沖縄県《おきなわけん》）

海面《かいめん》の様子《ようす》（沖縄県《おきなわけん》）

海《うみ》が青《あお》いのは、空《そら》の色《いろ》が映《うつ》っているからではないんだ。では、どうして海《うみ》は青《あお》いのかな？

海《うみ》の青《あお》さのしくみ

太陽《たいよう》からの光《ひかり》が海《うみ》の中《なか》に入《はい》ると、赤色《あかいろ》の光《ひかり》からだんだん吸収《きゅうしゅう》されてしまいます。そのため、海《うみ》の中《なか》には青色《あおいろ》の光《ひかり》ばかりが残《のこ》るようになります。その青色《あおいろ》が海面《かいめん》から出《で》てきて、海《うみ》が青《あお》く見《み》えるのです。空《そら》の青《あお》さが反射《はんしゃ》することもありますが、海《うみ》そのものが海《うみ》の青《あお》をつくっているのです。このため、深《ふか》さによって青《あお》さが変《か》わって見《み》えます。

海面《かいめん》
（吸収《きゅうしゅう》）

実験《じっけん》してみよう 海《うみ》の青《あお》さをつくる実験《じっけん》

水《みず》は赤《あか》っぽい光《ひかり》から吸収《きゅうしゅう》していきます。ペットボトルに入《い》れた水《みず》を並《なら》べていくと、水《みず》がだんだん青《あお》い色《いろ》になっていきます。光《ひかり》の状態《じょうたい》で見《み》えかたが異《こと》なります。

用意《ようい》するもの

- 大《おお》きめのペットボトル（7〜10本《ぼん》）
- 水《みず》

いくつかのペットボトルに水《みず》をたっぷり入《い》れ、明《あか》るい部屋《へや》に1列《れつ》に並《なら》べていくと、どんどん水《みず》が青《あお》っぽくなっていく。ペットボトル1本《ぽん》の水《みず》の色《いろ》とくらべてみるとよくわかる。

実験《じっけん》のまとめかた

ペットボトルを1本《ぽん》増《ふ》やすごとに写真《しゃしん》にとって、表《ひょう》にまとめよう。

本数《ほんすう》	1本《ぽん》	3本《ぼん》	5本《ほん》	7本《ほん》	10本《ぽん》
ペットボトルの色《いろ》	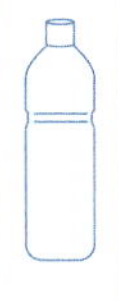	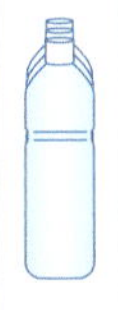	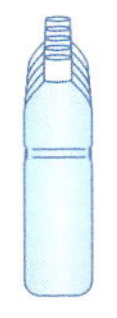	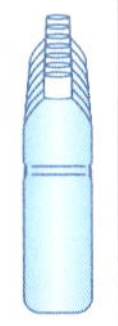	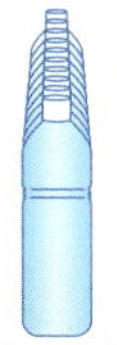

この実験《じっけん》でわかること

水《みず》はある程度《ていど》の量《りょう》があると、青《あお》く見《み》えることがわかります。ふだん水《みず》は透明《とうめい》に見《み》えますが、海《うみ》やお風呂《ふろ》の浴《よく》そうでは青《あお》くなっていることに気《き》がつくでしょう。

もっと調《しら》べてみよう

プールの水《みず》の色《いろ》は？

プールにもぐるとき、プールの水《みず》は青《あお》く見《み》えるのでしょうか。また、どこまで遠《とお》くが見《み》えるでしょうか？

POINT

エメラルドグリーンの海《うみ》

沖縄《おきなわ》などには、エメラルドグリーンに見《み》える、とてもきれいな海《うみ》があります。でも、海《うみ》の中《なか》に入《はい》ってみると、海《うみ》の色《いろ》はエメラルドグリーンではなく、青色《あおいろ》に見《み》えます。こうした海《うみ》の表面《ひょうめん》がエメラルドグリーンに見《み》えるのには、砂《すな》の色《いろ》が関係《かんけい》しています。浅《あさ》い海《うみ》では、海底《かいてい》の砂《すな》も目《め》に入《はい》ります。青《あお》い海《うみ》の下《した》の黄色《きいろ》い砂《すな》がいっしょに見《み》えることで、海《うみ》の色《いろ》がエメラルドグリーンに見《み》えるのです。

沖縄県《おきなわけん》

7 雷《かみなり》はどのように起《お》こる？

知《し》りたい 雷雨《らいう》のとき、大《おお》きな音《おと》とともに、空《そら》に光《ひかり》の線《せん》が一《いっ》しゅんだけ見《み》えることがあります。このいなずまは、どのような形《かたち》をしているのでしょうか？

わー、びっくりした。
雷《かみなり》はどうして
起《お》こるのかな。

空《そら》を走《はし》る雷《かみなり》（千葉県《ちばけん》）

落雷《らくらい》（千葉県《ちばけん》）

雷《かみなり》のしくみ

雷《かみなり》は地面《じめん》に落《お》ちてくるものより、空《そら》を走《はし》るもののほうが多《おお》いです。雲《くも》の中《なか》では、プラスとマイナスに電気《でんき》が分《わ》かれているので、雲《くも》の中《なか》や雲《くも》と雲《くも》との間《あいだ》を、たくさん枝《えだ》分《わ》かれしながらいなずまが走《はし》ることがよくあります。つまり、いなずま（雷《かみなり》）は電気《でんき》の流《なが》れといえます。また、ときどき大《おお》きな音《おと》がして落《らく》雷《らい》になることがあります。このとき、いなずまは太《ふと》いことが多《おお》く、エネルギーが強《つよ》いようです。そして落雷《らくらい》の場合《ばあい》は、2～3回続《かいつづ》けて同《おな》じところが光《ひか》ることがあります。

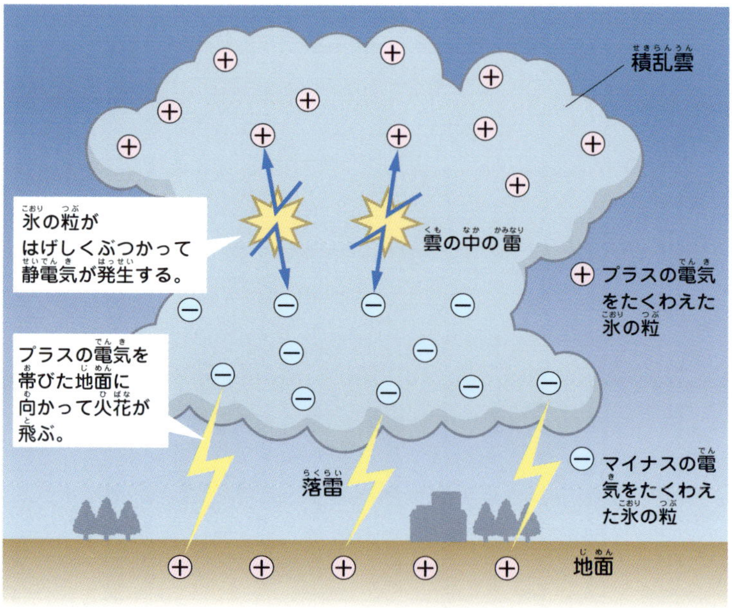
積乱雲《せきらんうん》
氷《こおり》の粒《つぶ》が
はげしくぶつかって
静電気《せいでんき》が発生《はっせい》する。
雲《くも》の中《なか》の雷《かみなり》
プラスの電気《でんき》をたくわえた氷《こおり》の粒《つぶ》
プラスの電気《でんき》を
帯《お》びた地面《じめん》に
向《む》かって火花《ひばな》が
飛《と》ぶ。
落雷《らくらい》
マイナスの電《でん》気《き》をたくわえた氷《こおり》の粒《つぶ》
地面《じめん》

観《かん》察《さつ》してみよう　雷《かみなり》の色《いろ》を見《み》よう

カセットコンロを点火《てんか》すると火花《ひばな》が出《で》ます。空気中《くうきちゅう》を電気《でんき》が一《いっ》しゅん流《なが》れるのです。やや青《あお》っぽく見《み》えるこの色《いろ》は、自然《しぜん》の雷《かみなり》の色《いろ》と似《に》ています。しかし、小《ちい》さい電気《でんき》の流《なが》れでは音《おと》は出《で》ません。

用意《ようい》するもの

- カセットコンロ

ガスボンベをぬいたカセットコンロのつまみをまわし、火花《ひばな》が出《で》るところをよく見《み》る。

必《かなら》ずボンベをはずしてから実験《じっけん》しよう。

この観察《かんさつ》でわかること

カセットコンロの点火装置《てんかそうち》は、スイッチを入《い》れるときに電気《でんき》の火花《ひばな》が出《で》て、火《ひ》がつくようになっています。電気《でんき》はいっしゅん空気中《くうきちゅう》を流《なが》れて、光《ひか》って見《み》えます。これは空《そら》を流《なが》れる雷《かみなり》と同《おな》じで、光《ひか》る色《いろ》も似《に》ています。

もっと調《しら》べてみよう

さまざまな雷《かみなり》を見《み》よう

実際《じっさい》の雷《かみなり》には、さまざまな形《かたち》があります。電圧《でんあつ》がそのときどきでちがったり、雲《くも》の中《なか》を流《なが》れたり地面《じめん》に落《お》ちたりと、電気《でんき》の流《なが》れかたにもいろいろあるからです。また、遠《とお》くの雷《かみなり》は夕日《ゆうひ》が赤《あか》っぽくなるように、やや赤《あか》みがかっています。カセットコンロとはスケールがちがいますね。実際《じっさい》の雷《かみなり》を観察《かんさつ》してみるとよいでしょう。

雷《かみなり》の観察《かんさつ》のポイント

■安全《あんぜん》な場所《ばしょ》で観察《かんさつ》しよう

雷《かみなり》による死者《ししゃ》は年間《ねんかん》30人前後《にんぜんご》にのぼります。雷《かみなり》が鳴《な》っているときは、広《ひろ》びろとした屋外《おくがい》や木《き》の近《ちか》くなどは危険《きけん》です。学校《がっこう》の教室《きょうしつ》や家《いえ》など、安全《あんぜん》な場所《ばしょ》から観察《かんさつ》しましょう。

■雷雲《らいうん》の動《うご》きに注意《ちゅうい》

雷雲《らいうん》は、上空《じょうくう》の風《かぜ》によって西《にし》から東《ひがし》へ動《うご》いていくことが多《おお》いです（動《うご》かないこともあり、台風《たいふう》の場合《ばあい》にはいろいろな動《うご》きがあります）。雷雲《らいうん》の動《うご》きや急《きゅう》な雨《あめ》に気《き》をつけて観察《かんさつ》しましょう。

■雷《かみなり》の撮影《さつえい》のしかた

夜間《やかん》はカメラを三脚《さんきゃく》に固定《こてい》し、シャッターを開《あ》けたままにしておけば写《しゃ》真《しん》にとることができます。昼間《ひるま》は写真《しゃしん》にとることが難《むずか》しいので、ビデオカメラでとるとよいでしょう。

雷《かみなり》の観察《かんさつ》は危険《きけん》なので、大人《おとな》といっしょにやろう。

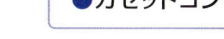

8 雷《かみなり》の光《ひかり》と音《おと》の関《かん》係《けい》

知《し》りたい 雷《かみなり》は光《ひか》ってから音《おと》がするまで時間《じかん》がかかります。これはどうしてでしょう。また、雷《かみなり》を起《お》こす雷雲《らいうん》の動《うご》きを知《し》るにはどうしたらよいのでしょうか？

外出中《がいしゅつちゅう》に雷雲《らいうん》が近《ちか》づいてきたら、建物《たてもの》や車《くるま》の中《なか》に入《はい》るのがもっとも安全《あんぜん》。建物《たてもの》がない場所《ばしょ》では、木《き》などの高《たか》いものを探《さが》し、下図《かず》のような位置《いち》にいましょう。

落雷《らくらい》（千葉県《ちばけん》）

外《そと》で落雷《らくらい》をさける方法《ほうほう》

頂点《ちょうてん》から45° の範囲内《はんいない》で、木《き》や枝《えだ》から4m《メートル》以上《いじょう》離《はな》れたところ。できるだけ小《ちい》さくなってしゃがむこと！

雷《かみなり》の光《ひかり》と音《おと》の関係《かんけい》

光《ひかり》は1秒間《びょうかん》に30万《まん》km《キロメートル》（地球《ちきゅう》7周半《しゅうはん》の距離《きょり》）も進《すす》みます。どんなに空《そら》の高《たか》いところで雷《かみなり》が起《お》こっても、ほぼ同時《どうじ》に雷光《らいこう》が地表《ちひょう》に届《とど》いていることになります。一《いっ》方《ぽう》、音《おと》はふつう1秒間《びょうかん》に340m《メートル》しか進《すす》みません。音《おと》の進《すす》む速《はや》さが光《ひかり》にくらべてとてもおそいため、雷《かみなり》は光《ひか》ってから音《おと》がするまで時間《じかん》がかかることが多《おお》いのです。このことから、雷《かみなり》が光《ひか》ってから音《おと》がするまでの秒数《びょうすう》に340m《メートル》をかけると、雷《かみなり》までの距離《きょり》がわかります。

積乱雲《せきらんうん》
光《ひかり》（30万《まん》km《キロメートル》／秒《びょう》）
ピカッ
音《おと》（340m《メートル》／秒《びょう》）
ゴロゴロ

観《かん》察《さつ》してみよう 光《ひかり》と音《おと》から雷《かみなり》の動《うご》きを調《しら》べよう

雷《かみなり》が光《ひか》って音《おと》がするまで時間《じかん》があります。そのことを利用《りよう》して、雷《かみなり》までのだいたいの距離《きょり》を知《し》ることができます。また、方角《ほうがく》もだいたいわかるので、雷雲《らいうん》の動《うご》きを調《しら》べることができます。

部屋《へや》の中《なか》など安全《あんぜん》な場所《ばしょ》から観察《かんさつ》すること!

用《よう》意《い》するもの

- 時計《とけい》
- 方位磁針《ほういじしん》
- ストップウォッチ
- メモ用紙《ようし》
- 筆記用具《ひっきようぐ》
- 地図《ちず》

空《そら》を走《はし》る雷《かみなり》の場合《ばあい》、方向《ほうこう》や音《おと》がはっきりしないことがある。この場合《ばあい》、すべてを調《しら》べなくてもいいので、はっきりしているものは記録《きろく》しておく。

1

雷《かみなり》が光《ひか》ったら、ストップウォッチをおして、音《おと》がするまでの時間《じかん》(秒《びょう》)を計《はか》る。

2

そして、時計《とけい》と方位磁針《ほういじしん》を用《もち》いて、時刻《じこく》(時《じ》・分《ふん》)と方向《ほうこう》を記録《きろく》する。

3

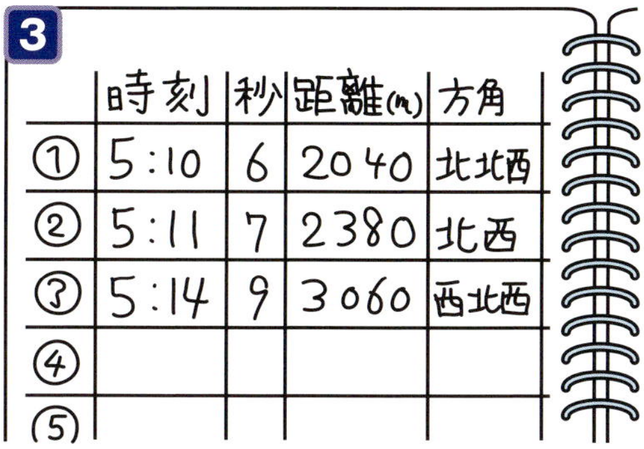

	時刻	秒	距離(m)	方角
①	5:10	6	2040	北北西
②	5:11	7	2380	北西
③	5:14	9	3060	西北西
④				
⑤				

1の秒数《びょうすう》に340m《メートル》をかけて雷《かみなり》までの距離《きょり》を求《もと》め、表《ひょう》にする。

4

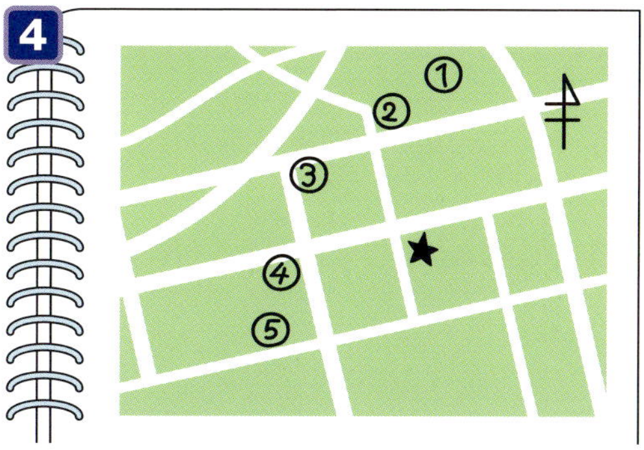

地図《ちず》に雷《かみなり》の場所《ばしょ》を書《か》きこんでいく。

計算式《けいさんしき》 光《ひか》ってから音《おと》がするまでの秒数《びょうすう》×340＝雷《かみなり》までの距離《きょり》(m《メートル》)

この観察《かんさつ》でわかること

雷雲《らいうん》が落雷《らくらい》を起《お》こしながら動《うご》いていった道《みち》すじがわかります(ただし、雷雲《らいうん》は複数《ふくすう》あるかもしれないので、そのことに気《き》をつけて判断《はんだん》しましょう)。その土地《とち》によって、雷《かみなり》の進《すす》む方向《ほうこう》はだいたい決《き》まっていることがわかります。

もっと調《しら》べてみよう

雷《かみなり》の音《おと》のちがい

落雷《らくらい》のときの音《おと》は、「パリパリ」「バリバリ」「ドーン」「ゴー」などさまざまです。この音《おと》のちがいは、雷《かみなり》までの距離《きょり》と関係《かんけい》しているのでしょうか。

お天気《てんき》コラム vol.5

日本《にほん》の空《そら》と外国《がいこく》の空《そら》

日本《にほん》にはたくさんの空《そら》がある

日本《にほん》は、季節《きせつ》の変化《へんか》がはっきりしていて、季節《きせつ》によって空《そら》の色《いろ》や雲《くも》の様子《ようす》が異《こと》なります。また、梅雨《つゆ》の長雨《ながあめ》や、冬《ふゆ》の日本海側《にほんかいがわ》の大雪《おおゆき》、台風《たいふう》の接近《せっきん》など、他《ほか》の国《くに》にあまりないような気象現象《きしょうげんしょう》も見《み》られます。そこで生活《せいかつ》している私《わたし》たちは、1年《ねん》にわたってたくさんの空《そら》を見《み》ることができます。

そのため日本人《にほんじん》は、天気《てんき》のことを手紙《てがみ》のあいさつのはじめに入《い》れたり、季節《きせつ》に関《かん》するさまざまなことばをつくってきました。現在《げんざい》は、あまり天気《てんき》を気《き》せずに仕事《しごと》ができることが多《おお》いのですが、農業《のうぎょう》や漁業《ぎょぎょう》といった仕事《しごと》では、まだまだ天気《てんき》が大《おお》きく影響《えいきょう》します。

外国《がいこく》では同《おな》じ天気《てんき》がつづくことが多《おお》い

いっぽう外国《がいこく》の空《そら》は、日本《にほん》のような四季《しき》がある場所《ばしょ》もありますが、砂漠《さばく》では乾燥《かんそう》した晴天《せいてん》が続《つづ》き、熱帯地方《ねったいちほう》では毎日積雲《まいにちせきうん》が大《おお》きくなってスコールが降《ふ》り、冬《ふゆ》の極地方《きょくちほう》では太陽《たいよう》の光《ひかり》が出《で》ない寒《さむ》い日々《ひび》が続《つづ》きます。

外国《がいこく》に数日《すうじつ》いると、同《おな》じような天気《てんき》をくり返《かえ》しているなと感《かん》じることが多《おお》いと思《おも》います。そうしたところで見《み》る天気予報《てんきよほう》は、その土地《とち》の天気《てんき》の特徴《とくちょう》をよく表《あらわ》していておもしろいものです。

砂漠《さばく》では晴天《せいてん》が続《つづ》く

天気《てんき》を表《あらわ》すことば

春（はる）

春雷《しゅんらい》：寒冷前線《かんれいぜんせん》の通過《つうか》にともない、春《はる》のはじめころに鳴《な》る雷《かみなり》。
花冷《はなび》え：桜《さくら》が開花《かいか》する時期《じき》の一時的《いちじてき》な冷《ひ》えこみ。
春一番《はるいちばん》：春《はる》のはじまりに吹《ふ》く南《みなみ》からの強《つよ》い風《かぜ》。気温《きおん》があがる。
春雨《はるさめ》：春《はる》に静《しず》かにしとしとと降《ふ》る雨《あめ》。
花《はな》ぐもり：桜《さくら》が開花《かいか》する時期《じき》のぼんやりとかすんだくもり空《ぞら》。

夏（なつ）

五月晴《さつきば》れ：5月《がつ》のすがすがしい晴天《せいてん》。もとは梅雨《つゆ》の間《あいだ》の晴《は》れのこと。
五月雨《さみだれ》：梅雨時《つゆどき》（むかしのこよみで梅雨《つゆ》は5月《がつ》）に降《ふ》り続《つづ》く長雨《ながあめ》。
残暑《ざんしょ》：夏《なつ》の終《お》わりでも気温《きおん》が30℃をこえるような暑《あつ》さのこと。
梅雨《つゆ》：6月《がつ》ころの長雨《ながあめ》の時期《じき》。またはその長雨《ながあめ》のこと。
夕立《ゆうだち》：夏《なつ》の午後《ごご》に降《ふ》る強《つよ》いにわか雨《あめ》。雷《かみなり》をともなうこともある。

秋（あき）

秋雨《あきさめ》：9月中旬《がつちゅうじゅん》から10月上旬《がつじょうじゅん》に、秋雨前線《あきさめぜんせん》によって降《ふ》る長雨《ながあめ》。
秋晴《あきば》れ：秋《あき》のさわやかにすみわたった晴天《せいてん》。
台風一過《たいふういっか》：台風《たいふう》が通《とお》りすぎたあと、風雨《ふうう》がおさまり晴天《せいてん》になること。
野分《のわき》：秋《あき》のはじめに吹《ふ》く暴風雨《ぼうふうう》。または台風《たいふう》のこと。

冬（ふゆ）

風花《かざばな》：晴《は》れた日《にち》に、花《はな》びらがまうように降《ふ》る雪《ゆき》。群馬県《ぐんまけん》が有名《ゆうめい》。
木枯《こが》らし：秋《あき》の終《お》わりから冬《ふゆ》のはじめにかけて吹《ふ》く強《つよ》く冷《つめ》たい風《かぜ》。
小春日和《こはるびより》：冬《ふゆ》のはじめのおだやかで暖《あたた》かい春《はる》のような日和《ひより》。
時雨《しぐれ》：秋《あき》の終《お》わりから冬《ふゆ》のはじめに、通《とお》り雨《あめ》のように降《ふ》る雨《あめ》。
初霜《はつしも》：その年《とし》の秋《あき》から冬《ふゆ》にかけて最初《さいしょ》に降《お》りる霜《しも》。
初雪《はつゆき》：その年《とし》の冬《ふゆ》に、はじめて降《ふ》る雪《ゆき》（みぞれもふくむ）。

第《だい》6章《しょう》 天気図《てんきず》を読《よ》んで天気《てんき》を予報《よほう》しよう

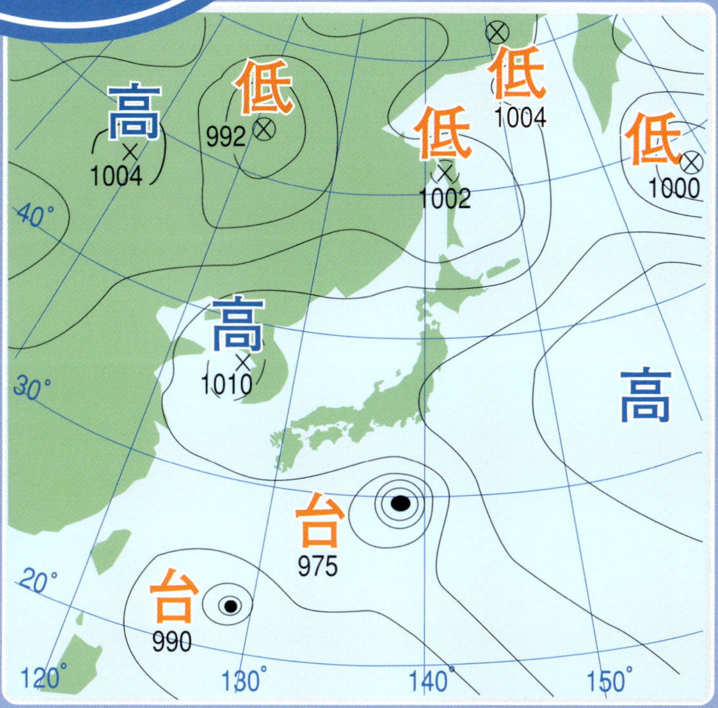
高
1004
低
992
低
1004
低
1002
低
1000
40°
高
1010
30°
高
台
975
20°
台
990
120°
130°
140°
150°

ラジオを聞《き》いて
天気図《てんきず》を書《か》くこ
とができるよう
になるよ。

わたしは気象予《きしょうよ》
報士《ほうし》の仕事《しごと》をし
てみたいな。

第《だい》6章《しょう》 天気図《てんきず》と天気予報《てんきよほう》を学《まな》ぼう

1 天気図《てんきず》の見《み》かた

知《し》りたい テレビや新聞《しんぶん》に出《で》てくる天気図《てんきず》には、いろいろな記号《きごう》や線《せん》があります。天気図《てんきず》に示《しめ》された記号《きごう》や線《せん》、数字《すうじ》はどのようなことを表《あらわ》しているのでしょうか？

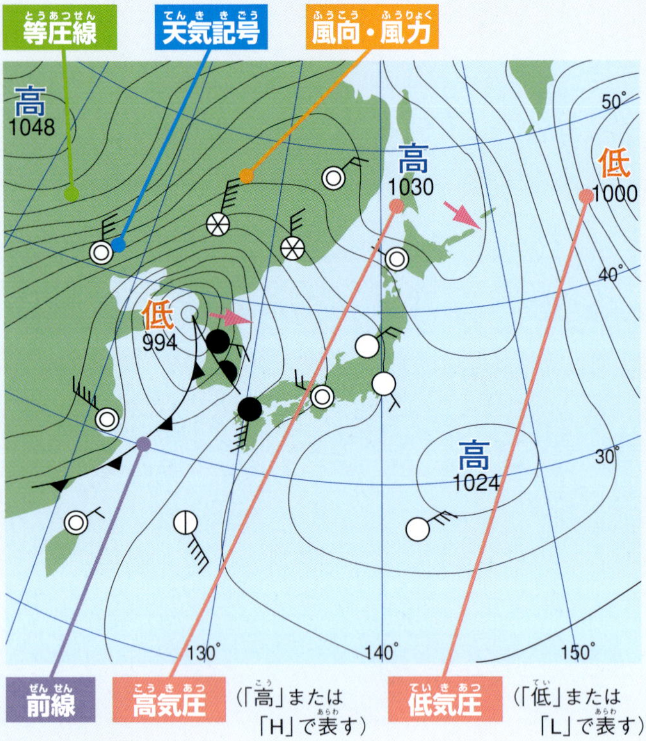

等圧線《とうあつせん》
天気記号《てんききごう》
風向《ふうこう》・風力《ふうりょく》
高
1048
高
1030
低
1000
50°
40°
30°
低
994
高
1024
130°
140°
150°
前線《ぜんせん》
高気圧《こうきあつ》
（「高《こう》」または「H」で表《あらわ》す）
低気圧《ていきあつ》
（「低《てい》」または「L」で表《あらわ》す）

複雑《ふくざつ》に見《み》える天気図《てんきず》も、見《み》かたを覚《おぼ》えればかんたんに読《よ》めるようになるよ。

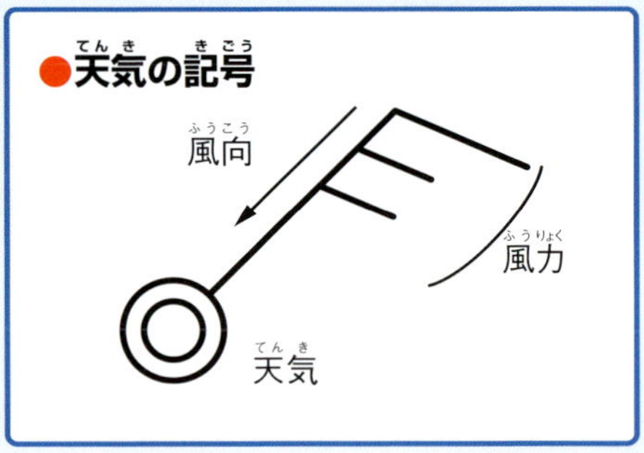

●天気《てんき》の記号《きごう》
風向《ふうこう》
風力《ふうりょく》
天気《てんき》

天気記号《てんききごう》

気温《きおん》や気圧《きあつ》などのほとんどのデータは機械《きかい》で自動的《じどうてき》に測定《そくてい》していますが、天気《てんき》については人間《にんげん》の目《め》で空全体《そらぜんたい》を確認《かくにん》しています。そして日本《にほん》では次《つぎ》のように天気《てんき》を分類《ぶんるい》しています。

記号《きごう》	天気《てんき》	記号《きごう》	天気《てんき》	記号《きごう》	天気《てんき》
○	快晴《かいせい》	⊗	雪《ゆき》	◒ツ	雷強《かみなりつよ》し
⦶	晴《はれ》	⊗ツ	雪強《ゆきつよ》し	⊙	霧《きり》
◎	曇《くもり》	⊗ニ	にわか雪《ゆき》	⦾	煙霧《えんむ》
●	雨《あめ》	◒	みぞれ	Ⓢ	ちり煙霧《えんむ》
●ツ	雨強《あめつよ》し	◬	あられ	Ⓢ→	砂《さ》じんあらし
●ニ	にわか雨《あめ》	▲	ひょう	⊕	地《じ》ふぶき
●キ	霧雨《きりさめ》	◒	雷《かみなり》	⊗	天気不明《てんきふめい》

風向《ふうこう》

風《かぜ》がやってくる方向《ほうこう》を風向《ふうこう》といいます。北風《きたかぜ》は北《きた》の方向《ほうこう》からやってくる風《かぜ》のことです。風向《ふうこう》は16種類《しゅるい》の方位《ほうい》があります。

北《きた》
北北東《ほくほくとう》
北東《ほくとう》
東北東《とうほくとう》
東《ひがし》
東南東《とうなんとう》
南東《なんとう》
南南東《なんなんとう》
南《みなみ》
南南西《なんなんせい》
南西《なんせい》
西南西《せいなんせい》
西《にし》
西北西《せいほくせい》
北西《ほくせい》
北北西《ほくほくせい》

風《ふう》力《りょく》

風《かぜ》の強《つよ》さは風速《ふうそく》ではなく風力《ふうりょく》で表《あらわ》します。風力《ふうりょく》はまわりの様子《ようす》でだいたい見当《けんとう》がつきます。

記号《きごう》	風速《ふうそく》(m/秒《びょう》)	説明《せつめい》
0	0.0～0.3未満《みまん》	煙《けむり》がまっすぐあがる
1	0.3～1.6未満《みまん》	煙《けむり》がなびき、風《かぜ》があるのがわかる
2	1.6～3.4未満《みまん》	顔《かお》に風《かぜ》を感《かん》じ、木《こ》の葉《は》が動《うご》く
3	3.4～5.5未満《みまん》	軽《かる》い旗《はた》が開《ひら》き、細《ほそ》い小枝《こえだ》が絶《た》えず動《うご》く
4	5.5～8.0未満《みまん》	砂《すな》ぼこりが立《た》ち、紙《かみ》が舞《ま》いあがる
5	8.0～10.8未満《みまん》	葉《は》のある低木《ていぼく》がゆれはじめ、池《いけ》に波《なみ》が立《た》つ
6	10.8～13.9未満《みまん》	大枝《おおえだ》が動《うご》き、傘《かさ》がさしにくい
7	13.9～17.2未満《みまん》	木全体《きぜんたい》がゆれ、風《かぜ》に向《む》かって歩《ある》きにくい
8	17.2～20.8未満《みまん》	小枝《こえだ》が折《お》れ、風《かぜ》に向《む》かっては歩《ある》けない
9	20.8～24.5未満《みまん》	瓦《かわら》が飛《と》んだり、煙突《えんとつ》が倒《たお》れたりする
10	24.5～28.5未満《みまん》	木《き》が根《ね》こそぎ倒《たお》れ、人家《じんか》の被害《ひがい》が大《おお》きい
11	28.5～32.7未満《みまん》	広《ひろ》いはん囲《い》に被害《ひがい》が生《しょう》じる
12	32.7以上《いじょう》	大損害《だいそんがい》が出《で》る

高気圧《こうきあつ》と低気圧《ていきあつ》

高気圧《こうきあつ》はまわりより気圧《きあつ》が高《たか》いところの中心《ちゅうしん》で、低気圧《ていきあつ》はまわりより気圧《きあつ》が低《ひく》いところの中心《ちゅうしん》です。低気圧《ていきあつ》の中心付近《ちゅうしんふきん》では、上昇気《じょうしょうき》流《りゅう》が起《お》こって雲《くも》が発達《はったつ》し雨《あめ》や雪《ゆき》が降《ふ》りやすく、高気圧《こうきあつ》の中心付近《ちゅうしんふきん》では、下降気流《かこうきりゅう》によって雲《くも》ができにくく晴《は》れています。また、熱帯地方《ねったいちほう》の暖《あたた》かい空気《くうき》だけでできる低気圧《ていきあつ》を特《とく》に熱帯《ねったい》低気圧《ていきあつ》といい、最大風速《さいだいふうそく》が毎秒《まいびょう》17.2mをこえると台風《たいふう》になります。

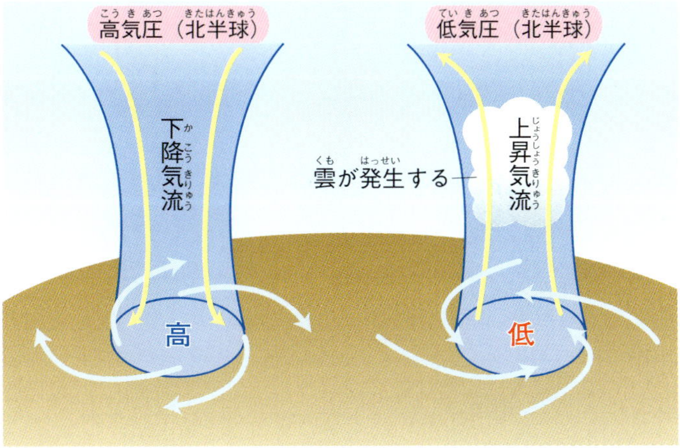

等圧線《とうあつせん》

気圧《きあつ》の同《おな》じところを結《むす》んだ線《せん》で、ふつう4 hPa《ヘクトパスカル》ごとに引《ひ》きます。地上《ちじょう》では等圧線《とうあつせん》に対《たい》して、気圧《きあつ》の低《ひく》いほうへななめに風《かぜ》が吹《ふ》き、等圧線《とうあつせん》の間隔《かんかく》がせまいほど風《かぜ》が強《つよ》くなります。こうして、等圧線《とうあつせん》からだいたいの風《かぜ》の向《む》きと強《つよ》さがわかります。

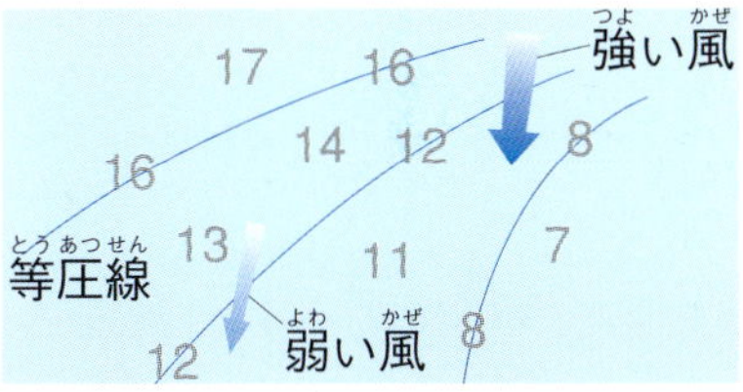

前《ぜん》線《せん》

前線《ぜんせん》とは、温度《おんど》の違《ちが》う大気《たいき》どうしがぶつかった境目《さかいめ》のことです。前線《ぜんせん》には、寒冷前線《かんれいぜんせん》・温暖前線《おんだんぜんせん》・停《てい》たい前線《ぜんせん》・閉《へい》そく前線《ぜんせん》の4種類《しゅるい》があります。

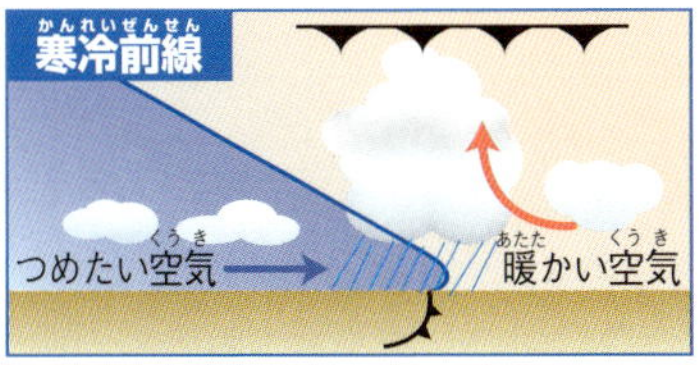

寒気《かんき》が暖気《だんき》を押《お》しあげるように進《すす》む。寒冷前線《かんれいぜんせん》が通《とお》ると、短期間《たんきかん》にはげしい雨《あめ》が降《ふ》り、通過後《つうかご》は気温《きおん》がさがる。

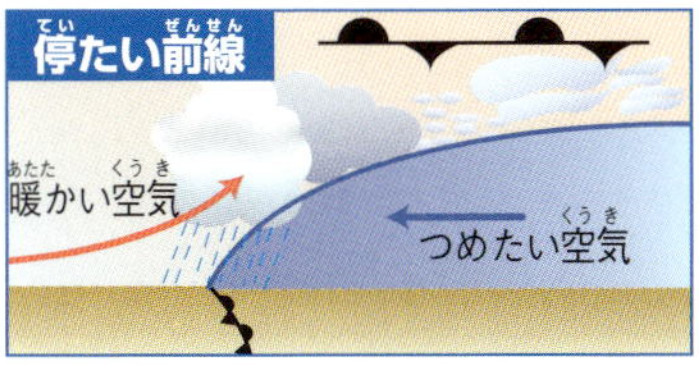

寒気《かんき》と暖気《だんき》がぶつかって動《うご》かない。おもに北側《きたがわ》に広《ひろ》がる層状《そうじょう》の雲《くも》がほとんど動《うご》くことなく、悪《わる》い天気《てんき》が長《なが》く続《つづ》く(梅雨《つゆ》など)。

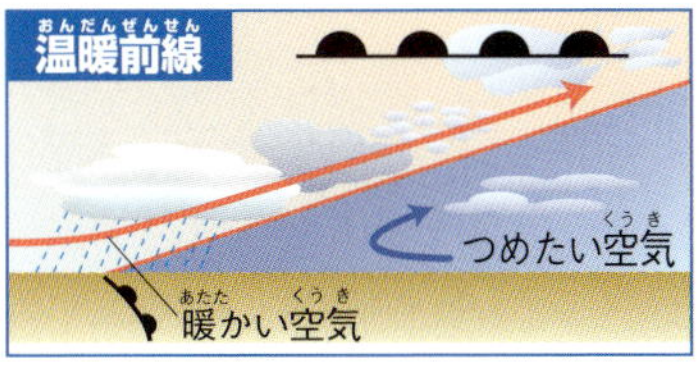

暖気《だんき》が寒気《かんき》を押《お》し戻《もど》すように進《すす》む。温暖前線《おんだんぜんせん》が通《とお》る前《まえ》、広《ひろ》いはん囲《い》に長《なが》く雨《あめ》が降《ふ》り、通過後《つうかご》は気温《きおん》があがる。

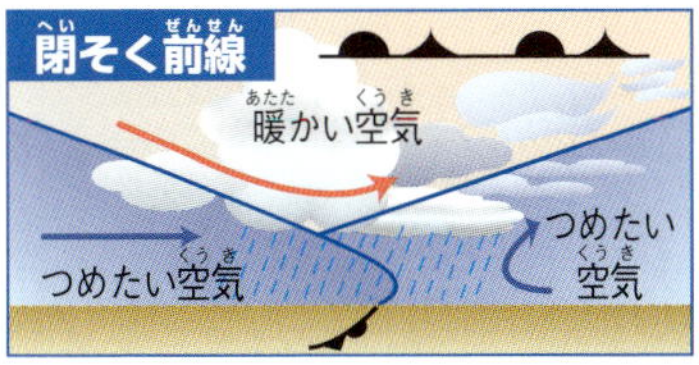

寒冷前線《かんれいぜんせん》が温暖前線《おんだんぜんせん》に追《お》いついて、2つの前線《ぜんせん》が重《かさ》なる。上空《じょうくう》に積乱雲《せきらんうん》が発達《はったつ》しやすく、強風《きょうふう》ではげしい雨《あめ》になるが、しだいに弱《よわ》まり低気圧《ていきあつ》から離《はな》れて消《き》える。

2 天気図《てんきず》はどのように変化《へんか》する？

知《し》りたい 天気図《てんきず》は毎日変《まいにちか》わります。天気図《てんきず》を見《み》ると高気圧《こうきあつ》や低気圧《ていきあつ》が東《ひがし》へ動《うご》いたり、台風《たいふう》が南《みなみ》からやってくる様子《ようす》がわかります。どうしてこのような変化《へんか》が見《み》られるのでしょうか？

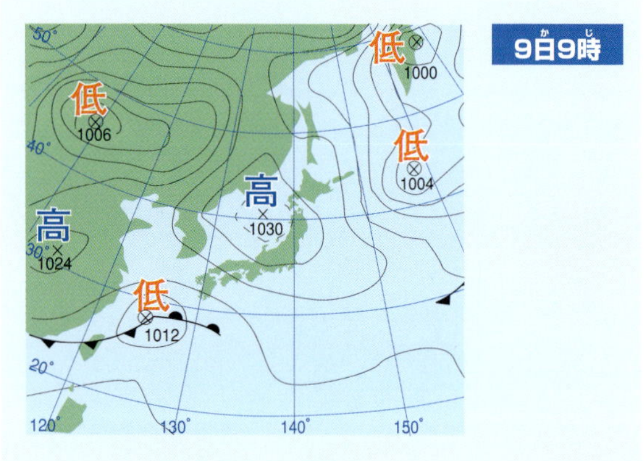
9日《か》9時《じ》
低
1000
低
1006
低
1004
高
1030
高
1024
低
1012
50°
40°
30°
20°
120°
130°
140°
150°

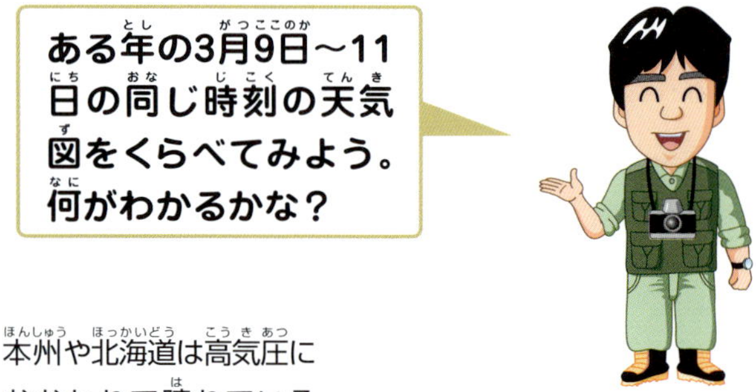
ある年《とし》の3月9日《がつここのか》～11日《にち》の同《おな》じ時刻《じこく》の天気図《てんきず》をくらべてみよう。何《なに》がわかるかな？

本州《ほんしゅう》や北海道《ほっかいどう》は高気圧《こうきあつ》におおわれて晴《は》れているが、低気圧《ていきあつ》が近《ちか》づいた九州《きゅうしゅう》は雨《あめ》になっている。

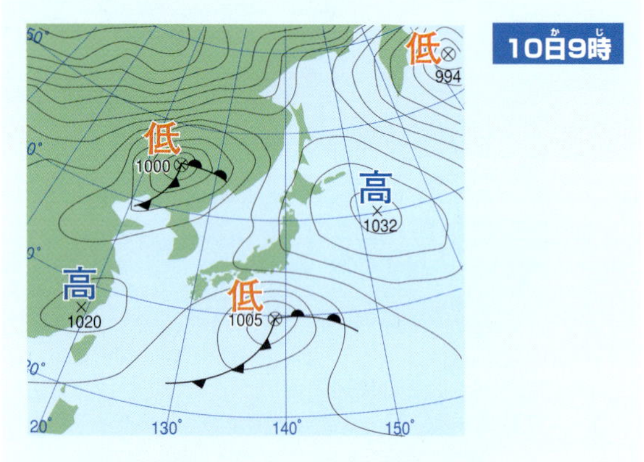
10日《か》9時《じ》
低
994
低
1000
高
1032
高
1020
低
1005
50°
20°
130°
140°
150°

日本《にほん》の南《みなみ》を低気圧《ていきあつ》が通《とお》っていて、関東《かんとう》や東海地方《とうかいちほう》は雨《あめ》になっている。北海道《ほっかいどう》、東北《とうほく》、九州地方《きゅうしゅうちほう》は晴《は》れ。

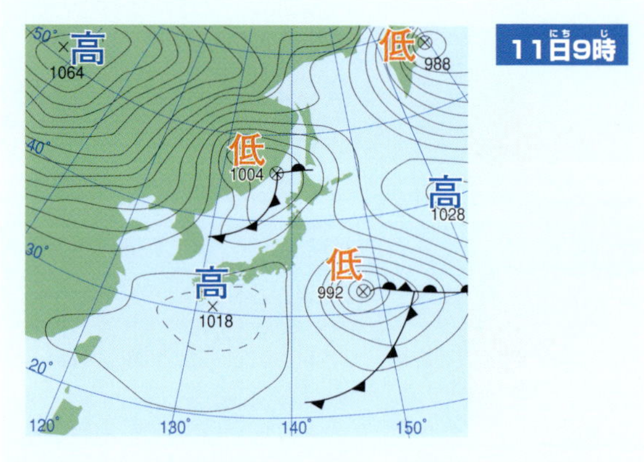
11日《にち》9時《じ》
高
1064
低
988
低
1004
高
1028
高
1018
低
992
50°
40°
30°
20°
120°
130°
140°
150°

関東《かんとう》から九州地方《きゅうしゅうちほう》まではおだやかに晴《は》れているが、北海道《ほっかいどう》や東北地方《とうほくちほう》は南風《みなみかぜ》が吹《ふ》いて天気《てんき》がくずれていく。

高気圧《こうきあつ》と低気圧《ていきあつ》の動《うご》き

日本付近《にほんふきん》では高気圧《こうきあつ》や低気圧《ていきあつ》は西《にし》から東《ひがし》へ動《うご》いていくことが多《おお》いといえます。これは、日本《にほん》の上空《じょうくう》に偏西風《へんせいふう》という西風《にしかぜ》がたいてい吹《ふ》いているためです（偏西風《へんせいふう》は、日本付近《にほんふきん》をふくむ地球《ちきゅう》の中緯度《ちゅういど》の上空《じょうくう》に吹《ふ》いています）。天気図上《てんきずじょう》に見《み》られる高気圧《こうきあつ》や低気圧《ていきあつ》はこの風《かぜ》に流《なが》されています。偏西風《へんせいふう》は夏《なつ》には弱《よわ》く、春《はる》や秋《あき》にはうろこ雲《ぐも》やすじ雲《ぐも》をよくつくります。冬《ふゆ》には日本《にほん》の南側《みなみがわ》で、時速《じそく》300km《キロメートル》のとても強《つよ》い風《かぜ》になることがあります。偏西風《へんせいふう》の特《とく》に強《つよ》いものをジェット気流《きりゅう》といい、その下《した》では天気《てんき》が早《はや》く変《か》わります。

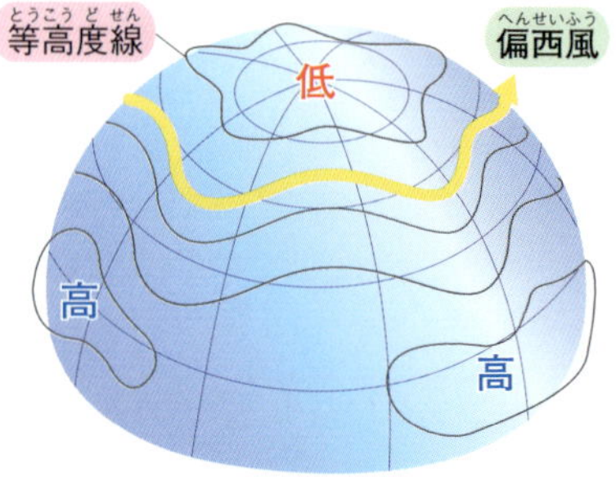
等高度線《とうこうどせん》
偏西風《へんせいふう》
低
高
高

北半球《きたはんきゅう》

雨《あめ》や風《かぜ》の分布《ぶんぷ》

天気図《てんきず》に雨《あめ》が降《ふ》っている場所《ばしょ》を書《か》き入《い》れると、低気圧《ていきあつ》の中心付近《ちゅうしんふきん》や前線《ぜんせん》の近《ちか》くに雨《あめ》が多《おお》いことに気《き》づくでしょう。特《とく》に台風《たいふう》、寒冷前線《かんれいぜんせん》や停《てい》たい前線《ぜんせん》の一部《いちぶ》では、強《つよ》いにわか雨《あめ》が降《ふ》っていることがあります。また風《かぜ》は、等圧線《とうあつせん》の間隔《かんかく》がせまい低気圧付近《ていきあつふきん》で強《つよ》いことがわかります。台風《たいふう》のまわりは等圧線《とうあつせん》が円形《えんけい》にたくさん集《あつ》まっていて、とても強《つよ》い風《かぜ》が台風《たいふう》の中心付近《ちゅうしんふきん》に吸《す》いこまれています。

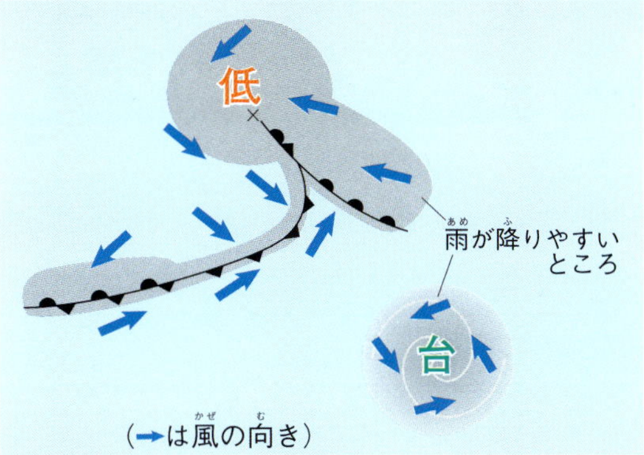

季節《きせつ》による天気図《てんきず》のちがい

天気図《てんきず》には季節《きせつ》のちがいが表《あらわ》れます。それぞれの季節《きせつ》の天気図《てんきず》を見《み》くらべてみましょう。

冬《ふゆ》

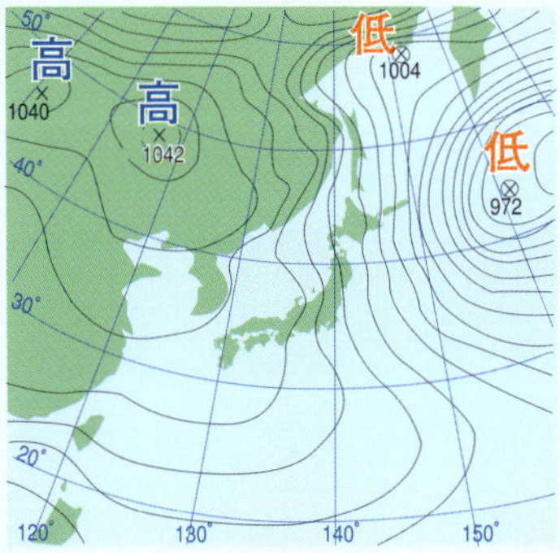

冬《ふゆ》には中国大陸《ちゅうごくたいりく》（西《にし》）に大《おお》きな高気圧《こうきあつ》（シベリア高気圧《こうきあつ》）があって、東《ひがし》の低気圧《ていきあつ》に向《む》かって北西《ほくせい》のつめたい風《かぜ》が日本列島《にほんれっとう》の上空《じょうくう》を吹《ふ》きます。このときの天気図《てんきず》は西高東低《せいこうとうてい》の冬型《ふゆがた》の気圧配置《きあつはいち》とよばれ、日本海側《にほんかいがわ》では雪《ゆき》、太平洋側《たいへいようがわ》では晴《は》れという天気《てんき》になります。

春《はる》

秋《あき》

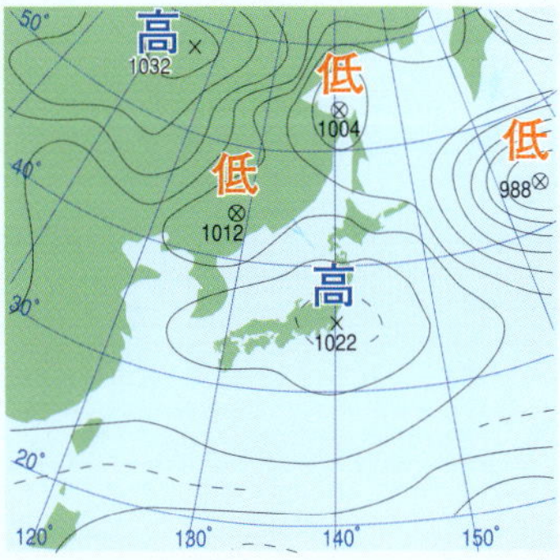

春《はる》と秋《あき》は、偏西風《へんせいふう》によって大陸《たいりく》から移動性高気圧《いどうせいこうきあつ》と低気圧《ていきあつ》が次《つぎ》つぎにやってくることが多《おお》く、天気《てんき》が変《か》わりやすいです。移動性高気圧《いどうせいこうきあつ》におおわれると風《かぜ》が弱《よわ》く晴《は》れて、昼《ひる》は暖《あたた》かくなります。

夏《なつ》

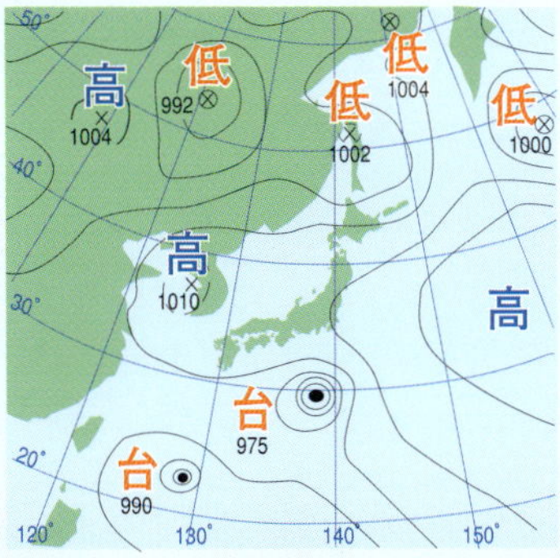

夏《なつ》は南《みなみ》から高気圧《こうきあつ》（太平洋高気圧《たいへいようこうきあつ》）におおわれることが多《おお》く、気温《きおん》が高《たか》くしめった南《みなみ》からの風《かぜ》によって暑《あつ》い日《ひ》が続《つづ》きます。また、夏《なつ》から秋《あき》にかけて南《みなみ》の海上《かいじょう》から台風《たいふう》がやってきて、強《つよ》い雨《あめ》と風《かぜ》をもたらすことがあります。

梅雨《つゆ》

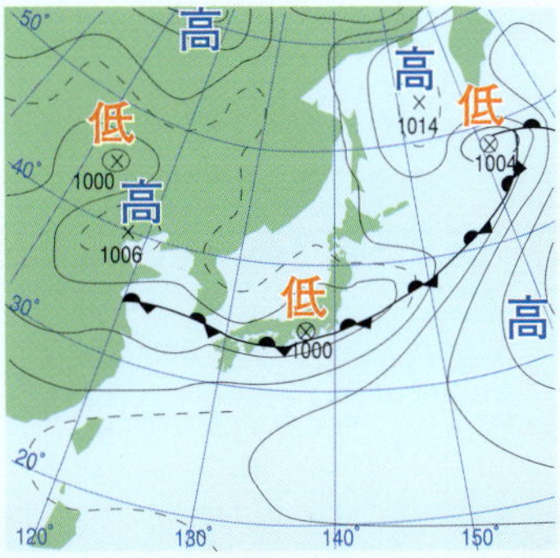

6月《がつ》のはじめごろから、日本列島付近《にほんれっとうふきん》に停《てい》たい前線《ぜんせん》（梅《ばい》雨前線《うぜんせん》）が見《み》られるようになります。北《きた》にあるつめたくしめった高気圧《こうきあつ》（オホーツク海高気圧《かいこうきあつ》）と、南《みなみ》の暖《あたた》かくしめった太平洋高気圧《たいへいようこうきあつ》からの風《かぜ》がぶつかり合《あ》って、この前線《ぜんせん》ができます。雨《あめ》が長《なが》く続《つづ》くなど、天気《てんき》がぐずつきます。

3 天気図《てんきず》の書《か》きかた

知《し》りたい 自分《じぶん》の手《て》で天気図《てんきず》を書《か》くにはどうしたらよいのでしょうか？

ラジオの気象通報《きしょうつうほう》を記入《きにゅう》しよう

ラジオから流《なが》れる観測結果《かんそくけっか》を順番《じゅんばん》に表《ひょう》に記入《きにゅう》していきます。

①「各地《かくち》の天気《てんき》」を記入《きにゅう》しよう

石垣島《いしがきじま》から富士山《ふじさん》まで、地名《ちめい》、風向《ふうこう》、風力《ふうりょく》、天気《てんき》、気圧《きあつ》、気温《きおん》の順《じゅん》に放送《ほうそう》されます。放送《ほうそう》にしたがって記入《きにゅう》します。

②「船舶《せんぱく》などの報告《ほうこく》」を記入《きにゅう》しよう

船舶《せんぱく》から報告《ほうこく》される海上《かいじょう》の天気《てんき》を記入《きにゅう》します。地名《ちめい》のかわりに北緯《ほくい》と東経《とうけい》を書《か》き入《い》れます。

③「漁業気象《ぎょぎょうきしょう》」を記入《きにゅう》しよう

高気圧《こうきあつ》、低気圧《ていきあつ》、前線《ぜんせん》、台風《たいふう》、おもな等圧線《とうあつせん》を記入《きにゅう》します。

ラジオの気象《きしょう》通報《つうほう》を聞《き》いて、「ラジオ用《よう》天気図用紙《てんきずようし》」で天気図《てんきず》をつくってみよう。さあ、ラジオのスイッチオン！

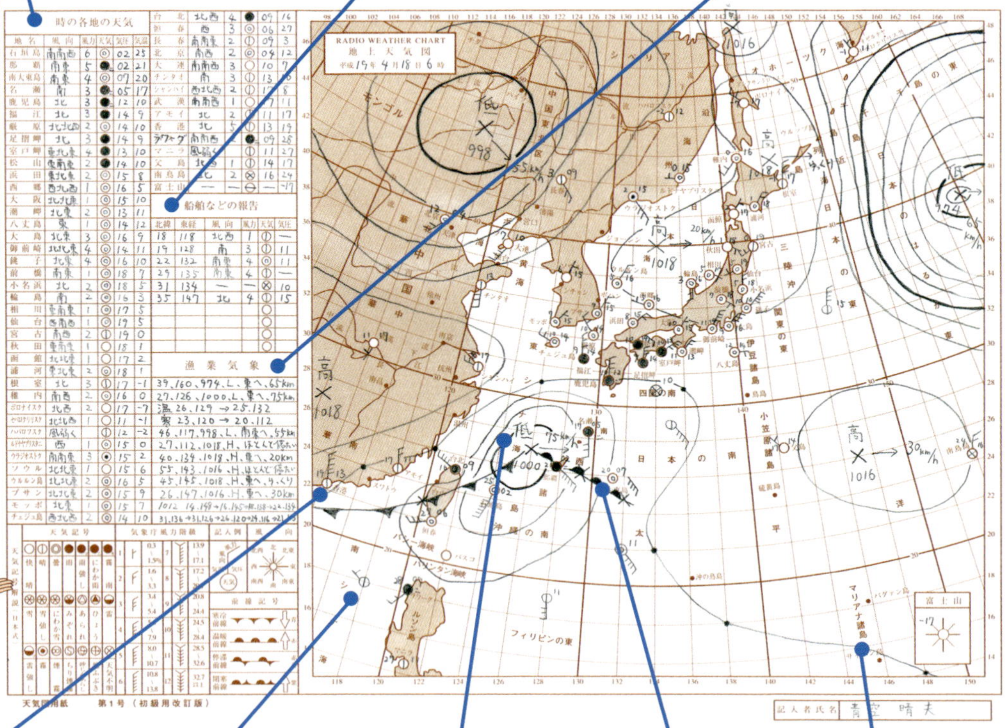

●「各地《かくち》の天気《てんき》」を書《か》きこもう

●「船舶《せんぱく》などの報告《ほうこく》」を書《か》きこもう

●高気圧《こうきあつ》と低気圧《ていきあつ》を書《か》きこもう

●前線《ぜんせん》を書《か》きこもう

●等圧線《とうあつせん》を書《か》きこもう

「地上天気図《ちじょうてんきず》」に書《か》きこもう

書《か》き取《と》った観測結果《かんそくけっか》をもとに「地上天気図《ちじょうてんきず》」に気象情報《きしょうじょうほう》を書《か》きこみましょう。

※風向《ふうこう》は、東→ひ（と）、南→み（な）、西→に（せ）、北→き（ほ）、と書《か》くとよいです（例《れい》：東北東《とうほくとう》→とほと、東《ひがし》→ひ）。

ラジオの気象通報《きしょうつうほう》について

NHKラジオ（第2放送《だいほうそう》）の気象通報《きしょうつうほう》を聞《き》いて、各地《かくち》の天《てん》気《き》と高《こう》・低気圧《ていきあつ》や台風《たいふう》などを天気図用紙《てんきずようし》に記入《きにゅう》します（天気図用紙《てんきずようし》は書店《しょてん》で買《か》うことができます）。そして、等《とう》圧線《あつせん》まですべて書《か》いて天気図《てんきず》が完成《かんせい》します。

ラジオ局《きょく》	放送時間《ほうそうじかん》	放送《ほうそう》の内容《ないよう》
NHK第2放送《だいほうそう》	9:10〜9:30	6時《じ》の観測結果《かんそくけっか》
	16:00〜16:20	12時《じ》の観測結果《かんそくけっか》
	22:00〜22:20	18時《じ》の観測結果《かんそくけっか》

※天気図用紙《てんきずようし》：クライム発行《はっこう》「ラジオ用天気図用紙《ようてんきずようし》No.1」より掲載《けいさい》　※気象庁《きしょうちょう》のホームページにも気象通報《きしょうつうほう》の内容《ないよう》がのっています。

「各地《かくち》の天気《てんき》」と「船舶《せんぱく》などの報告《ほうこく》」の書《か》きかた

●「各地《かくち》の天気《てんき》」の書《か》きかた

書《か》き取《と》った観測結果《かんそくけっか》を、天気図上《てんきずじょう》にあるそれぞれの地点《ちてん》(○)に書《か》きこみます。

風力《ふうりょく》(→P.101)

風向《ふうこう》の線《せん》からななめに線《せん》を引《ひ》きます。

風向《ふうこう》(→P.100)

風《かぜ》が吹《ふ》いてくる方向《ほうこう》に○から線《せん》をのばします。

気温《きおん》　気温《きおん》の数字《すうじ》を○の左上《ひだりうえ》に書《か》きます。

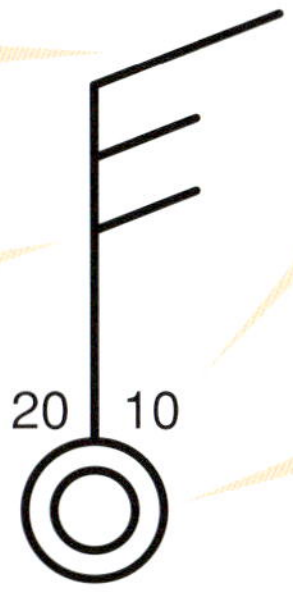

気圧《きあつ》

気圧《きあつ》の数字《すうじ》(1000hPa《ヘクトパスカル》より下《した》はそのまま3けた、1000hPa《ヘクトパスカル》から上《うえ》は下《しも》2けた)

天気《てんき》(→P.100)

空《そら》もようを表《あらわ》す天気記号《てんききごう》を○の中《なか》に書《か》きこみます。

●「船舶《せんぱく》などの報告《ほうこく》」の書《か》きかた

報告結果《ほうこくけっか》にあった場所《ばしょ》を、北緯《ほくい》と東経《とうけい》をもとに探《さが》して○を書《か》き、「各地《かくち》の天気《てんき》」と同《おな》じように情報《じょうほう》を書《か》きこみます。

高気圧《こうきあつ》と低気圧《ていきあつ》、台風《たいふう》の書《か》きかた

●高気圧《こうきあつ》と低気圧《ていきあつ》の書《か》きかた

高気圧《こうきあつ》や低気圧《ていきあつ》の位置《いち》については緯度《いど》と経度《けいど》を言《い》うので、その地《ち》点《てん》に図《ず》のように×印《じるし》をつけ、上《うえ》に「高《こう》」(または「H」)や「低《てい》」(または「L」)と書《か》き、下《した》に中心気圧《ちゅうしんきあつ》を数字《すうじ》で書《か》きます。

●台風《たいふう》の書《か》きかた

台風《たいふう》は位置《いち》がくわしく述《の》べられるので中心《ちゅうしん》を×で示《しめ》し、近《ちか》くに「台《たい》」(または「T」)と気圧《きあつ》を書《か》きます。また、予想進路《よそうしんろ》を図《ず》のように予報《よほう》円《えん》(中心《ちゅうしん》が70%《パーセント》の確《かく》りつで入《はい》るはん囲《い》)と線《せん》で書《か》き入《い》れます。

高気圧《こうきあつ》と低気圧《ていきあつ》

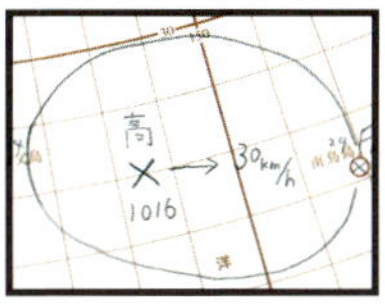

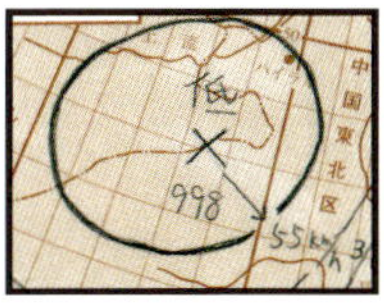

台風《たいふう》

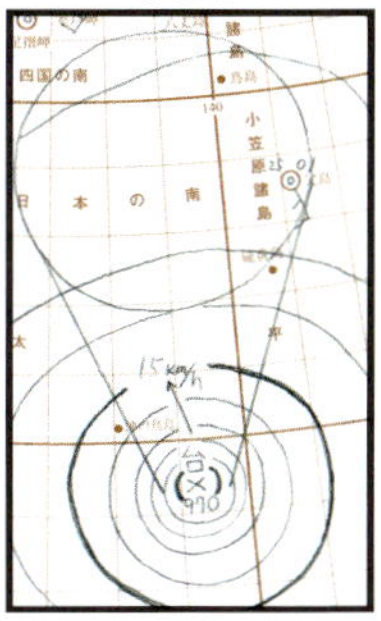

前線《ぜんせん》の書《か》きかた

前線《ぜんせん》の位置《いち》を、北緯《ほくい》と東経《とうけい》をもとに探《さが》して×を書《か》いていき、なめらかに線《せん》で結《むす》びます。

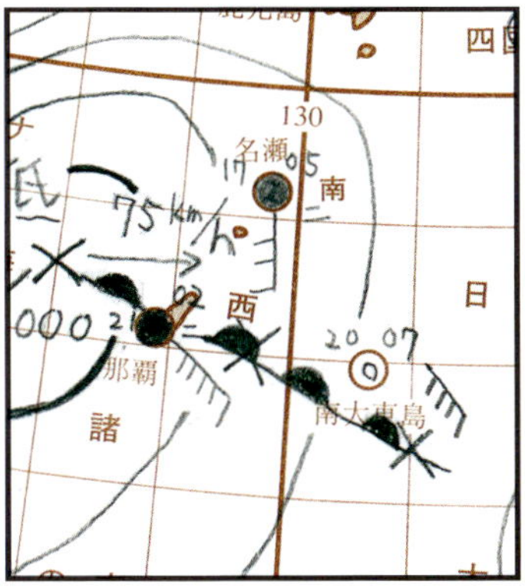

等圧線《とうあつせん》の書《か》きかた

1、2本《ほん》の等圧線《とうあつせん》の位置《いち》が放送《ほうそう》されますので、あとからその位置《いち》をなめらかに結《むす》んで等圧線《とうあつせん》を引《ひ》きます。その線《せん》を基準《きじゅん》にして、図《ず》のように4hPa《ヘクトパスカル》ごとに等圧線《とうあつせん》を引《ひ》いていくとよいでしょう。等圧《とうあつ》線《せん》は各地《かくち》の天気《てんき》の気圧《きあつ》を参考《さんこう》にして、同《おな》じところを線《せん》で結《むす》び、また、交《まじ》わることのないように引《ひ》きます。海《うみ》の上《うえ》などよくわからないところは、だいたいの見当《けんとう》をつけて線《せん》を引《ひ》きましょう。

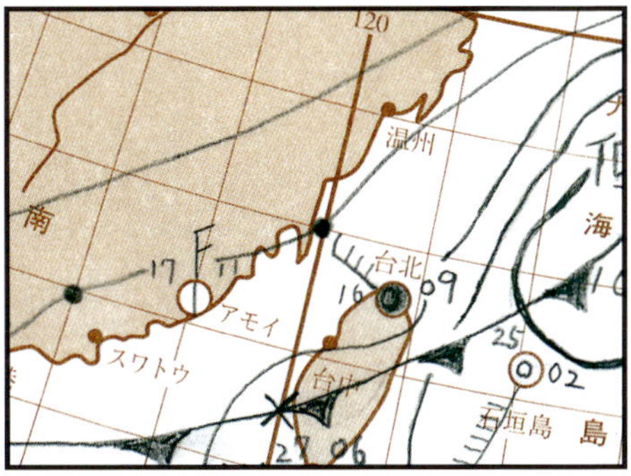

※公式《こうしき》に発表《はっぴょう》されるような天気図《てんきず》は、現在《げんざい》ではコンピュータでつくられています。新聞《しんぶん》やインターネットなどの天気図《てんきず》と自分《じぶん》の手《て》で書《か》いた天気図《てんきず》をくらべてみましょう。

4 衛星画像《えいせいがぞう》はどのようにとる？

知《し》りたい 気象衛星画像《きしょうえいせいがぞう》には、とても広《ひろ》い地域《ちいき》のいろいろな雲《くも》が写《うつ》っています。なかには、夜《よる》に撮影《さつえい》した画像《がぞう》もあります。これらの画像《がぞう》はどのようにとっているのでしょうか？

オホーツク海《かい》の衛星画像《えいせいがぞう》

気象衛星《きしょうえいせい》は広《ひろ》いはん囲《い》だけでなく、せまいはん囲《い》も拡大《かくだい》できる。この画像《がぞう》の点線《てんせん》で示《しめ》した部分《ぶぶん》に流氷《りゅうひょう》が写《うつ》っている。

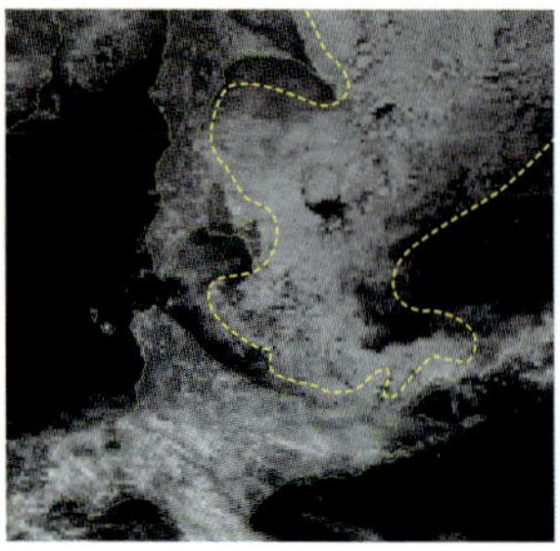

気象衛星《きしょうえいせい》が雲《くも》を撮影《さつえい》するしくみ

日本《にほん》の気象衛星《きしょうえいせい》「ひまわり」(ひまわり6号《ごう》は2010年《ねん》ごろまで本運用《ほんうんよう》の予定《よてい》)が、東経《とうけい》140°の赤道上空《せきどうじょうくう》36,000km《キロメートル》の高《たか》さを、地球《ちきゅう》の自転《じてん》と同《おな》じ時間《じかん》でまわっています。このため、地球《ちきゅう》に対《たい》してつねに同《おな》じ位置《いち》にあり、日本《にほん》やアジア、西太平洋《にしたいへいよう》、オセアニアなど広《ひろ》いはん囲《い》の雲《くも》の様子《ようす》を、だいたい1時間《じかん》ごとに撮影《さつえい》しています。

撮影《さつえい》には、太陽《たいよう》の反射光《はんしゃこう》(可視光線《かしこうせん》)と地球《ちきゅう》からの赤外放射《せきがいほうしゃ》(赤外線《せきがいせん》)を使《つか》っています。可視光線《かしこうせん》は昼間《ひるま》だけのくわしい雲《くも》の様子《ようす》を、赤外線《せきがいせん》は夜間《やかん》もふくめて24時間《じかん》の雲《くも》の動《うご》きを観測《かんそく》しています(→P.107)。また、一部《いちぶ》の赤外線《せきがいせん》を使《つか》った水蒸気画像《すいじょうきがぞう》もあります。

「ひまわり」のように、地球《ちきゅう》の自転《じてん》と同《おな》じ動《うご》きをする衛星《えいせい》を「静止衛星《せいしえいせい》」という。

観《かん》察《さつ》してみよう　衛星画像《えいせいがぞう》を見《み》てみよう

下《した》の2つの衛星画像《えいせいがぞう》は、ある年《とし》の12月1日《がつついたち》の可視光線《かしこうせん》と赤外線《せきがいせん》の画像《がぞう》です。陸地《りくち》の形《かたち》が加《くわ》えられています。これらは気象庁《きしょうちょう》のホームページで見《み》ることができます。

用意《ようい》するもの

- パソコン

可視画像《かしがぞう》

可視画像《かしがぞう》では雲《くも》の様子《ようす》がわかりやすく、かたまりになっている雲《くも》やうすく広《ひろ》がっている雲《くも》もわかります。太陽《たいよう》の光《ひかり》が強《つよ》く当《あ》たっているところがより白《しろ》く写《うつ》ります。広《ひろ》いはん囲《い》の画像《がぞう》を見《み》ると、北半球《きたはんきゅう》が夏《なつ》のときは、冬《ふゆ》の南半球《みなみはんきゅう》では太陽《たいよう》の当《あ》たりかたが弱《よわ》いことがわかります。

赤外画像《せきがいがぞう》

赤外画像《せきがいがぞう》では、温度《おんど》が低《ひく》く空《そら》の高《たか》いところにある雲《くも》がまっ白《しろ》になって写《うつ》り、温度《おんど》が高《たか》く空《そら》の低《ひく》いところにある雲《くも》はよくわかりません。赤外画像《せきがいがぞう》では、地面《じめん》や海面《かいめん》からの赤外線《せきがいせん》をさえぎる雲《くも》が白《しろ》く表《あらわ》れます。

撮影《さつえい》できる雲《くも》が違《ちが》うことがわかるね。これらに水蒸気《すいじょうき》画像《がぞう》を加《くわ》えた3つの画像《がぞう》を利用《りよう》することで、よりくわしく観測《かんそく》できるんだ。

POINT

衛星画像《えいせいがぞう》のいろいろな利用《りよう》のしかた

外国《がいこく》にも気象衛星《きしょうえいせい》があり、それらがとった画像《がぞう》をつなぎ合《あ》わせると、世界全体《せかいぜんたい》の雲《くも》の様子《ようす》を見《み》ることができます。また、これらの画像《がぞう》を次《つぎ》つぎにめくったり、コンピュータを使《つか》ってアニメーションにすることで雲《くも》の動《うご》きがよくわかるようになります。

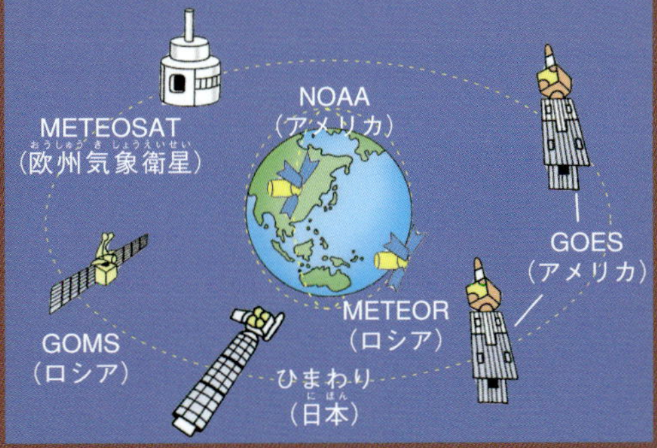
METEOSAT
(欧州気象衛星《おうしゅうきしょうえいせい》)
NOAA
(アメリカ)
GOES
(アメリカ)
GOMS
(ロシア)
METEOR
(ロシア)
ひまわり
(日本《にほん》)

地球《ちきゅう》の自転《じてん》と同《おな》じ動《うご》きをする「静止衛星《せいしえいせい》」のほかに、地球《ちきゅう》の北極《ほっきょく》・南極《なんきょく》を通《とお》るき道《どう》をまわる「極軌道衛星《きょくきどうえいせい》」がある。

5 観察《かんさつ》した雲《くも》は衛星画像《えいせいがぞう》でも見《み》れる？

知《し》りたい 気象衛星《きしょうえいせい》の画像《がぞう》には、自分《じぶん》がいる地域《ちいき》も写《うつ》っています。実際《じっさい》に自分《じぶん》の目《め》で見《み》た雲《くも》は、衛星画像《えいせいがぞう》でも見《み》ることができるのでしょうか？

千葉県柏市《ちばけんかしわし》から南《みなみ》の空《そら》に浮《う》かぶ積乱《せきらん》雲《うん》を撮影《さつえい》したよ。

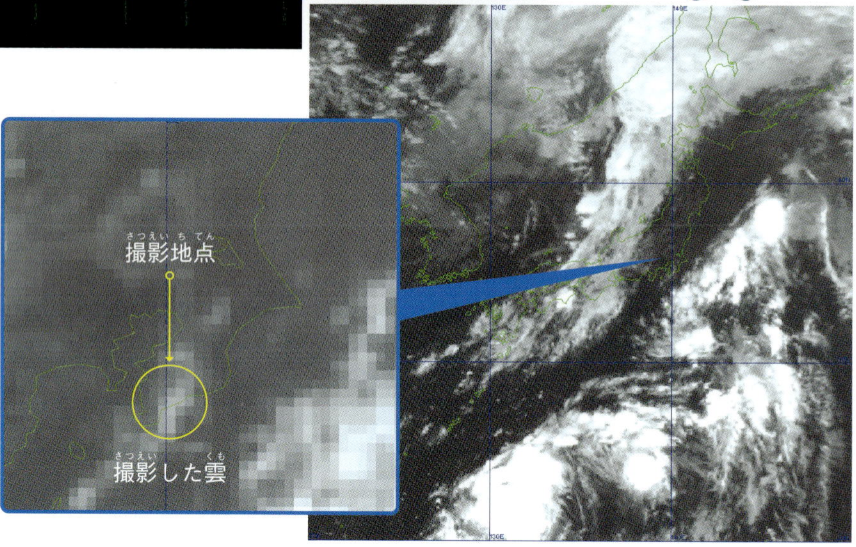

撮影地点《さつえいちてん》
撮影《さつえい》した雲《くも》

大《おお》きな積乱雲《せきらんうん》が衛星《えいせい》画像《がぞう》では小《ち》さな白《しろ》い点《てん》になっていたよ！

写真《しゃしん》にとった雲《くも》を衛星画像《えいせいがぞう》で見《み》る

空《そら》にぽつんとある大《おお》きな積乱雲《せきらんうん》（にゅうどう雲《ぐも》、かみなり雲《ぐも》）や、空《そら》の高《たか》いところの一部分《いちぶぶん》に雲《くも》のかたまりを見《み》たら、写真《しゃしん》にとって、家《いえ》のパソコンで衛星画像《えいせいがぞう》を見《み》てみましょう。衛星画像《えいせいがぞう》では、積乱雲《せきらんうん》は小《ち》さな白《しろ》い点《てん》となっているし、雲《くも》のかたまりは雲《くも》が切《き》れたようになっているので確認《かくにん》がしやすいです。

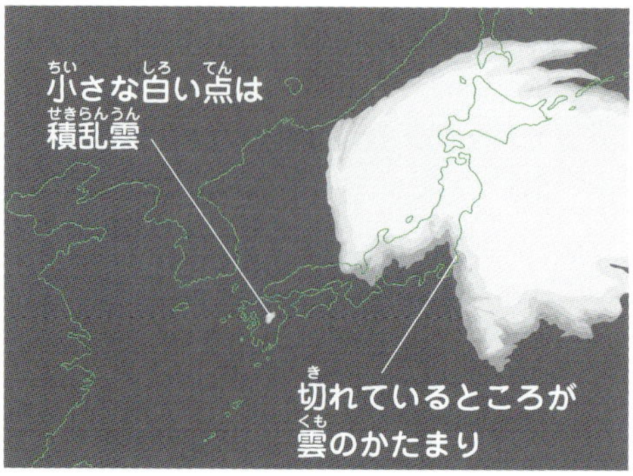

小《ち》さな白《しろ》い点《てん》は
積乱雲《せきらんうん》
切《き》れているところが
雲《くも》のかたまり

観察《かんさつ》してみよう 撮影《さつえい》した雲《くも》を衛星画像《えいせいがぞう》で見《み》てみよう

カメラと方位磁針《ほういじしん》を持《も》って、雲《くも》を探《さが》しに行《い》きましょう。特《とく》ちょうのある雲《くも》を見《み》つけたら、写真《しゃしん》にとって家《いえ》に帰《かえ》り、衛星画像《えいせいがぞう》で確認《かくにん》してみましょう。台風《たいふう》や低気圧《ていきあつ》が近《ちか》づいているときや、寒冷前線《かんれいぜんせん》が通過《つうか》するときは、特《とく》ちょうのある雲《くも》を見《み》つけやすいです。

用意《ようい》するもの

- パソコン
- 方位磁針《ほういじしん》
- カメラ
  またはスケッチブック

衛星画像《えいせいがぞう》は気象庁《きしょうちょう》のホームページ(→P.118)などで見《み》ることができます。

1

大《おお》きな雲《くも》か雲《くも》のかたまりを見《み》つけたら写真《しゃしん》にとり、日時《にちじ》と方角《ほうがく》を記録《きろく》する。

茨城県《いばらきけん》鉾田市《ほこたし》から東《ひがし》の空《そら》を撮影《さつえい》。

2

記録《きろく》した日時《にちじ》と方角《ほうがく》を手《て》がかりに、写真《しゃしん》にとった雲《くも》を衛星画像《えいせいがぞう》で探《さが》してみる。

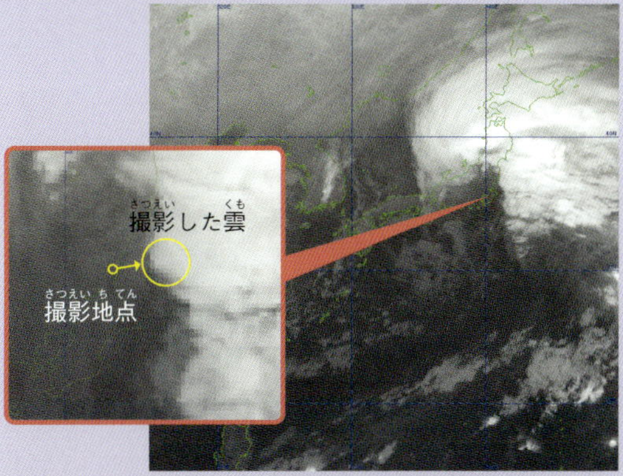

雲《くも》のはしや雲《くも》と雲《くも》の切《き》れ目《め》は衛星画像《えいせいがぞう》ではっきりとわかる。

撮影《さつえい》した雲《くも》がどのように流《なが》れてきたのかを過去《かこ》の衛星画像《えいせいがぞう》で確認《かくにん》したり、どのように流《なが》れていくのかを観察《かんさつ》し続《つづ》けると、とても天気《てんき》の勉強《べんきょう》になるよ。

もっと調《しら》べてみよう

可視画像《かしがぞう》の雲《くも》を探《さが》そう

可視画像《かしがぞう》には白《しろ》く写《うつ》るのに、赤外画像《せきがいがぞう》にはほとんど写《うつ》らない雲《くも》が、霧《きり》や低《ひく》い雲《くも》(層雲《そううん》や層積雲《そうせきうん》、小《ちい》さな積雲《せきうん》など)です。霧《きり》が濃《こ》くたくさん出《で》ていたら、それが可視画像《かしがぞう》に写《うつ》っているかもしれません。また、飛行機《ひこうき》にのるときは、高《たか》い雲《くも》が近《ちか》くに見《み》えてそれが次《つぎ》つぎと変《か》わるので、衛星画像《えいせいがぞう》に写《うつ》るいろいろな雲《くも》を見《み》るチャンスです。

6 毎日《まいにち》の空《そら》と天気図《てんきず》の関係《かんけい》

知《し》りたい 天気図《てんきず》は、空《そら》の状態《じょうたい》を図《ず》にしたものです。
実際《じっさい》の天気《てんき》の変化《へんか》は、天気図《てんきず》でどのように表《あらわ》されているのでしょうか？

天気図《てんきず》を見《み》ながら天気《てんき》を観察《かんさつ》しよう。数日《すうじつ》つづけると、天気《てんき》の変化《へんか》がよくわかるよ。

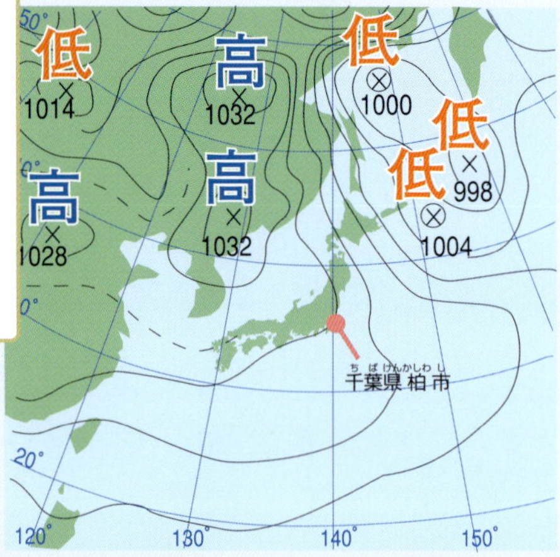

12月《がつ》24日《か》
高気圧《こうきあつ》におおわれてきて、おだやかに晴《は》れた。

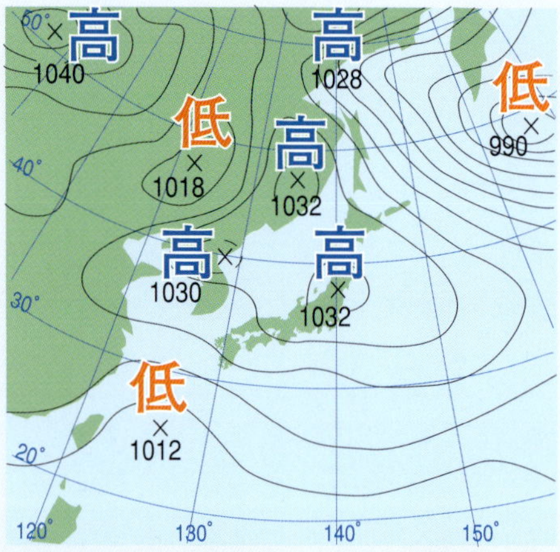

12月《がつ》25日《にち》
高気圧《こうきあつ》の中心《ちゅうしん》が過《す》ぎ、だんだん雲《くも》が増《ふ》えていく。

●天気図《てんきず》：12月《がつ》24日《か》～28日《にち》 午前《ごぜん》9時《じ》 ●写真《しゃしん》：千葉県柏市《ちばけんかしわし》から北《きた》の空《そら》を自動撮影《じどうさつえい》（午前《ごぜん》9時《じ》）

高気圧《こうきあつ》や低気圧《ていきあつ》、前線《ぜんせん》の動《うご》きと天気《てんき》の変化《へんか》

高気圧《こうきあつ》の中心《ちゅうしん》が去《さ》っていき、低気圧《ていきあつ》が近《ちか》づいてくると、うすい雲《くも》が空《そら》の高《たか》いところに広《ひろ》がりはじめます。そして、だんだんと低《ひく》い雲《くも》に変化《へんか》し、太陽《たいよう》がかくれて空《そら》が暗《くら》くなっていきます。やがて、しとしとと雨《あめ》が降《ふ》ります。
寒冷前線《かんれいぜんせん》が通過《つうか》するときは、空《そら》が暗《くら》くなって急《きゅう》に雨《あめ》が強《つよ》く降《ふ》り、南《みなみ》よりの風《かぜ》から西《にし》や北《きた》の風《かぜ》に変《か》わって、気温《きおん》がさがっていくのがわかります。

接近《せっきん》する寒冷前線《かんれいぜんせん》

観《かん》察《さつ》してみよう　毎日《まいにち》の空《そら》を天気図《てんきず》と見《み》くらべてみよう

天気《てんき》が変《か》わりやすい時期《じき》（台風《たいふう》や発達《はったつ》した低気圧《ていきあつ》の接近《せっきん》のときなど）に、天気図《てんきず》と空《そら》の変化《へんか》を見《み》くらべてみましょう。空全体《そらぜんたい》または決《き》まった方向《ほうこう》を写真《しゃしん》かスケッチで記録《きろく》し、天気図上《てんきずじょう》の高気圧《こうきあつ》や低《てい》気圧《きあつ》（または台風《たいふう》）の動《うご》きとの関係《かんけい》を見《み》ます。

用意《ようい》するもの

- カメラまたはスケッチブック
- 天気図《てんきず》

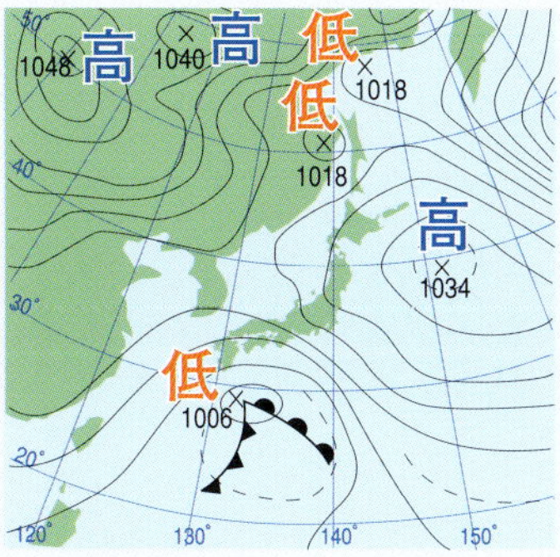

12月《がつ》26日《にち》
低気圧《ていきあつ》の接近《せっきん》で、
雨《あめ》が少《すこ》し降《ふ》ってきた。

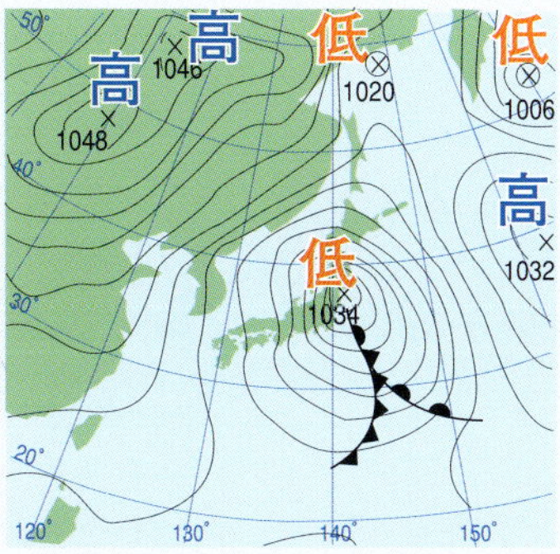

12月《がつ》27日《にち》
低気圧《ていきあつ》が過《す》ぎて雨《あめ》がやみ、
雲《くも》の間《あいだ》から青空《あおぞら》が見《み》えてきた。

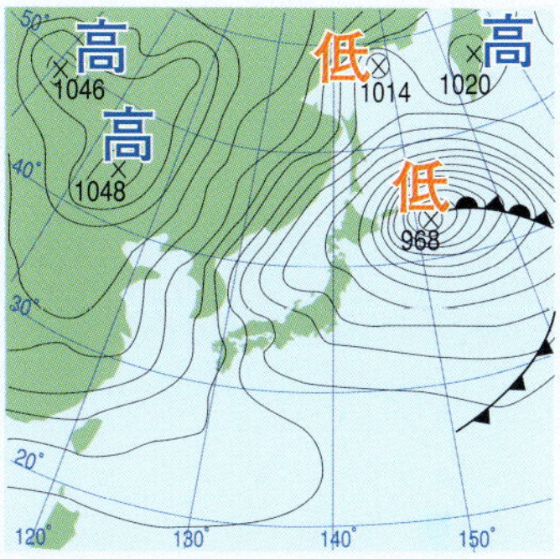

12月《がつ》28日《にち》
冬《ふゆ》の季節風《きせつふう》が強《つよ》く吹《ふ》き、
快晴《かいせい》となった。

POINT

台風《たいふう》の動《うご》きと天気《てんき》の変化《へんか》

台風《たいふう》が近《ちか》づくときは、本体《ほんたい》がはるかかなたにあっても、台《たい》風《ふう》から吹《ふ》き出《だ》す風《かぜ》によって巻雲《けんうん》（すじ雲《ぐも》）がまず現《あらわ》れます。そして、だんだんと動《うご》きの速《はや》い雲《くも》が増《ふ》えて、本体《ほんたい》のうずがやってくると急《きゅう》に雨《あめ》や風《かぜ》が強《つよ》くなります。台風《たいふう》の目《め》に入《はい》ると晴《は》れ間《ま》が出《で》ることもありますが、そのあと急《きゅう》に風《かぜ》の向《む》きが変《か》わり、強《つよ》い雨《あめ》が降《ふ》ります。

もっと調《しら》べてみよう

空《そら》の色《いろ》や雲《くも》の様子《ようす》と天気図《てんきず》の関係《かんけい》

毎日《まいにち》の空《そら》を写真《しゃしん》でとってみるとおもしろいです。空《そら》の青《あお》さにもちがいがあり、季節《きせつ》によって雲《くも》が変《か》わっていくこともわかります。天気図《てんきず》と空《そら》の写真《しゃしん》をたくさん並《なら》べて見《み》てみましょう。

7 天気予報《てんきよほう》ができるまで

知《し》りたい 天気予報《てんきよほう》は、私《わたし》たちの生活《せいかつ》にとって欠《か》かせないものです。ではいったい、天《てん》気予報《きよほう》はどのようにでき、どのようにして私《わたし》たちに届《とど》けられるのでしょうか？

天気予報《てんきよほう》ができるまでの流《なが》れを見《み》てみよう。

さまざまな観測方法《かんそくほうほう》でデータを集《あつ》めて天気予報《てんきよほう》はできる

全国《ぜんこく》に約《やく》130か所《しょ》ある気象台《きしょうだい》や測候所《そっこうじょ》では、気温《きおん》や湿度《しつど》、気圧《きあつ》、風向風速《ふうこうふうそく》、降水量《こうすいりょう》などの観測《かんそく》をもとに、予報官《よほうかん》が天気予報《てんきよほう》に取《と》り組《く》んでいます。また、アメダスや気象《きしょう》レーダー、気象衛星《きしょうえいせい》などで集《あつ》めたさまざまな観測《かんそく》を、気象庁《きしょうちょう》の能力《のうりょく》の高《たか》いコンピュータがまとめて計算《けいさん》し、天気予報《てんきよほう》のための資料《しりょう》をつくります。

気象観測《きしょうかんそく》のネットワーク

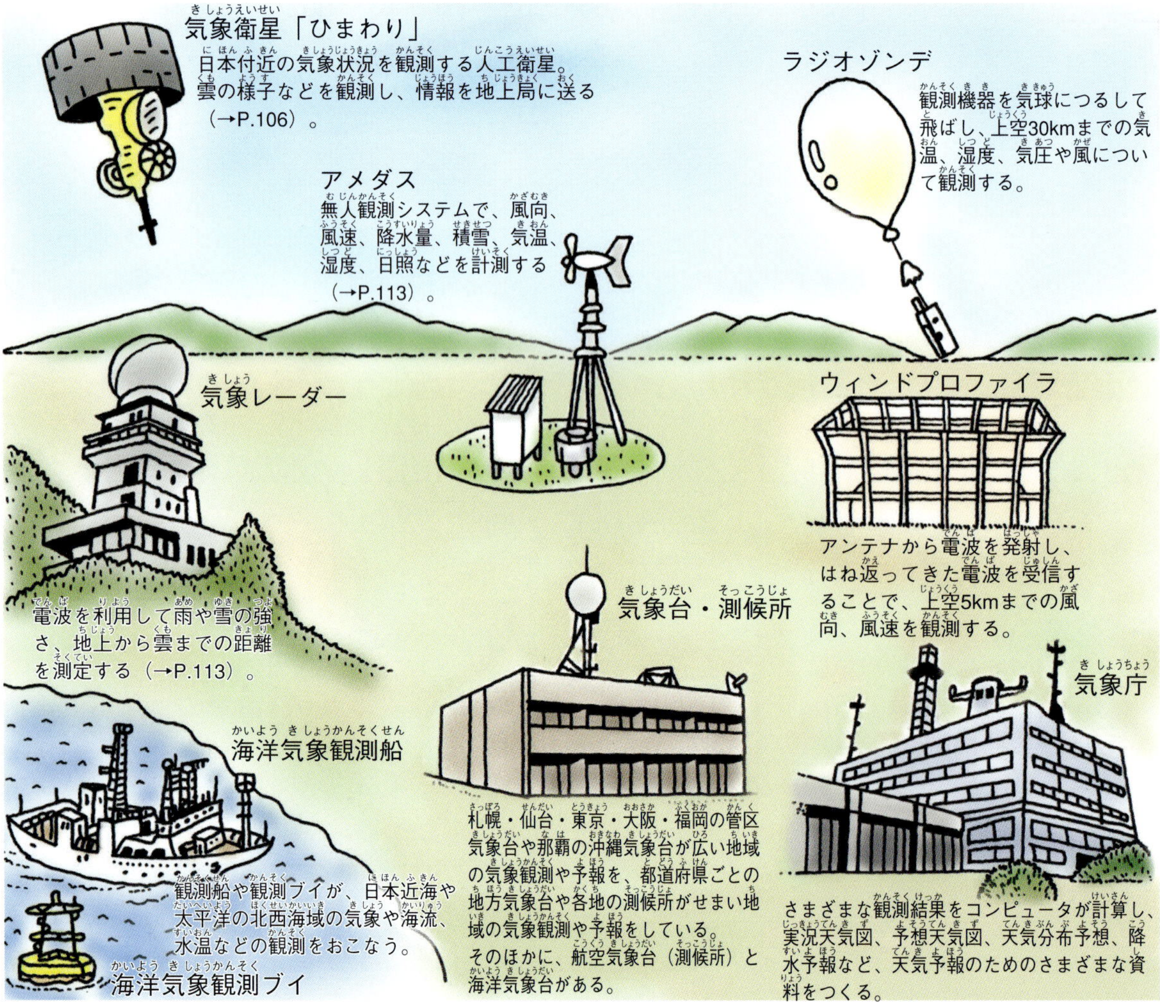
気象衛星《きしょうえいせい》「ひまわり」
日本付近《にほんふきん》の気象状況《きしょうじょうきょう》を観測《かんそく》する人工衛星《じんこうえいせい》。
雲《くも》の様子《ようす》などを観測《かんそく》し、情報《じょうほう》を地上局《ちじょうきょく》に送《おく》る
（→P.106）。
ラジオゾンデ
観測機器《かんそくきき》を気球《ききゅう》につるして
飛《と》ばし、上空《じょうくう》30kmまでの気《き》
温《おん》、湿度《しつど》、気圧《きあつ》や風《かぜ》につい
て観測《かんそく》する。
アメダス
無人観測《むじんかんそく》システムで、風向《かざむき》、
風速《ふうそく》、降水量《こうすいりょう》、積雪《せきせつ》、気温《きおん》、
湿度《しつど》、日照《にっしょう》などを計測《けいそく》する
（→P.113）。
気象《きしょう》レーダー
電波《でんぱ》を利用《りよう》して雨《あめ》や雪《ゆき》の強《つよ》
さ、地上《ちじょう》から雲《くも》までの距離《きょり》
を測定《そくてい》する（→P.113）。
ウィンドプロファイラ
アンテナから電波《でんぱ》を発射《はっしゃ》し、
はね返《かえ》ってきた電波《でんぱ》を受信《じゅしん》す
ることで、上空《じょうくう》5kmまでの風《かざ》
向《むき》、風速《ふうそく》を観測《かんそく》する。
気象台《きしょうだい》・測候所《そっこうじょ》
気象庁《きしょうちょう》
海洋気象観測船《かいようきしょうかんそくせん》
観測船《かんそくせん》や観測《かんそく》ブイが、日本近海《にほんきんかい》や
太平洋《たいへいよう》の北西海域《ほくせいかいいき》の気象《きしょう》や海流《かいりゅう》、
水温《すいおん》などの観測《かんそく》をおこなう。
海洋気象観測《かいようきしょうかんそく》ブイ
札幌《さっぽろ》・仙台《せんだい》・東京《とうきょう》・大阪《おおさか》・福岡《ふくおか》の管区《かんく》
気象台《きしょうだい》や那覇《なは》の沖縄《おきなわ》気象台《きしょうだい》が広《ひろ》い地域《ちいき》
の気象観測《きしょうかんそく》や予報《よほう》を、都道府県《とどうふけん》ごとの
地方《ちほう》気象台《きしょうだい》や各地《かくち》の測候所《そっこうじょ》がせまい地《ち》
域《いき》の気象観測《きしょうかんそく》や予報《よほう》をしている。
そのほかに、航空《こうくう》気象台《きしょうだい》（測候所《そっこうじょ》）と
海洋《かいよう》気象台《きしょうだい》がある。
さまざまな観測結果《かんそくけっか》をコンピュータが計算《けいさん》し、
実況天気図《じっきょうてんきず》、予想天気図《よそうてんきず》、天気分布予想《てんきぶんぷよそう》、降《こう》
水予報《すいよほう》など、天気予報《てんきよほう》のためのさまざまな資《し》
料《りょう》をつくる。

アメダスのしくみ

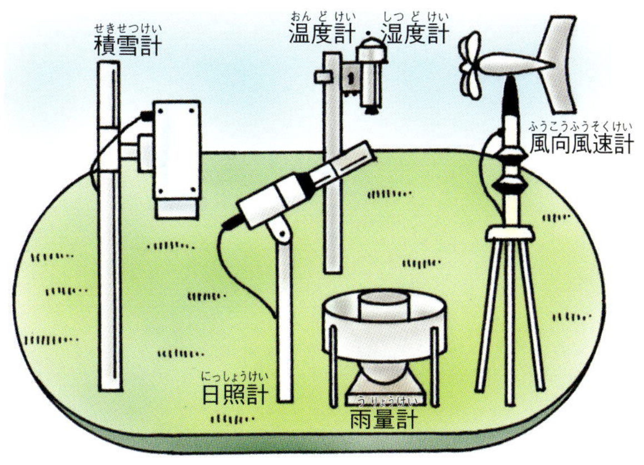
積雪計《せきせつけい》
温度計《おんどけい》・湿度計《しつどけい》
風向風速計《ふうこうふうそくけい》
日照計《にっしょうけい》
雨量計《うりょうけい》

アメダスは、全国《ぜんこく》に約《やく》1,300か所《しょ》ある無人観測所《むじんかんそくじょ》のこと。風向《ふうこう》、風速《ふうそく》、降水量《こうすいりょう》、積雪《せきせつ》、気温《きおん》、湿度《しつど》、日照《にっしょう》などを観測《かんそく》し、データを気象庁《きしょうちょう》に送《おく》る。

気象《きしょう》レーダーのしくみ

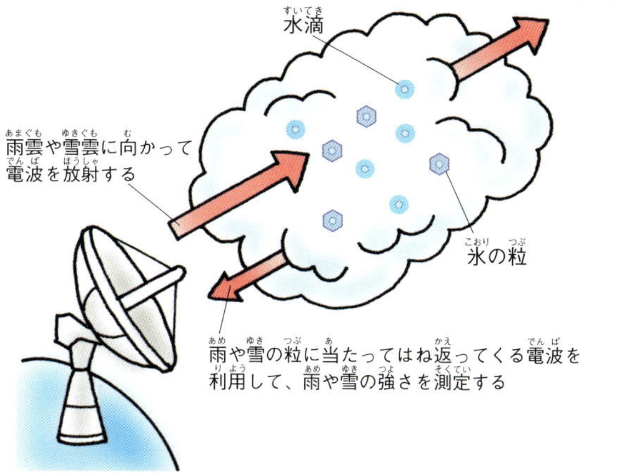
水滴《すいてき》
雨雲《あまぐも》や雪雲《ゆきぐも》に向《む》かって
電波《でんぱ》を放射《ほうしゃ》する
氷《こおり》の粒《つぶ》
雨《あめ》や雪《ゆき》の粒《つぶ》に当《あ》たってはね返《かえ》ってくる電波《でんぱ》を
利用《りよう》して、雨《あめ》や雪《ゆき》の強《つよ》さを測定《そくてい》する

全国《ぜんこく》20か所《しょ》に設置《せっち》され、雨《あめ》や雪《ゆき》の程度《ていど》、雨雲《あまぐも》までの距離《きょり》や方向《ほうこう》を観測《かんそく》する。アンテナから電波《でんぱ》を放射《ほうしゃ》し、雨《あめ》や雪《ゆき》に当《あ》たってはね返《かえ》ってきた電波《でんぱ》の強《つよ》さや時間《じかん》などで計測《けいそく》する。

気象庁《きしょうちょう》の資料《しりょう》をもとに天気予報《てんきよほう》が報道《ほうどう》される

気象庁《きしょうちょう》のコンピュータ「COSMETS《コスメッツ》」が作成《さくせい》した資料《しりょう》を用《もち》いて地域《ちいき》ごとのくわしい天気予報《てんきよほう》がつくられ、テレビや新聞《しんぶん》、インターネット、177番《ばん》（電話《でんわ》）の天気予報《てんきよほう》サービスなどで報道《ほうどう》されます。

予報《よほう》から発表《はっぴょう》まで

気象庁《きしょうちょう》

予報資料《よほうしりょう》の作成《さくせい》

- 気象資料総合処理《きしょうしりょうそうごうしょり》システム（COSMETS《コスメッツ》）

気象情報伝送処理《きしょうじょうほうでんそうしょり》システム（ADESS《アデス》）
〈データの収集《しゅうしゅう》と伝送《でんそう》〉

スーパー・コンピュータ・システム（NAPS《ナプス》）
〈データの分析《ぶんせき》と資料作成《しりょうさくせい》〉

→

気象台《きしょうだい》・測候所《そっこうじょ》

資料《しりょう》
↓
予報作業《よほうさぎょう》
↓
天気予報《てんきよほう》

→

報道《ほうどう》・交通機関《こうつうきかん》など

- テレビ
- 新《しん》　聞《ぶん》
- ラジオ
- インターネット
- 117番《ばん》（電話《でんわ》）
- 船舶《せんぱく》・鉄道《てつどう》・航空《こうくう》
- 国《くに》・地方《ちほう》の防災機関《ぼうさいきかん》

天気予報《てんきよほう》には、明後日《あさって》までの天気《てんき》や気温《きおん》の予報《よほう》、週間天気予報《しゅうかんてんきよほう》、季節予報《きせつよほう》などがある。気象警報《きしょうけいほう》・注意報《ちゅういほう》、気象情報《きしょうじょうほう》、台風情報《たいふうじょうほう》、洪水予報《こうずいよほう》などの防災気象情報《ぼうさいきしょうじょうほう》や、黄砂情報《こうさじょうほう》や紫外線情報《しがいせんじょうほう》なども気象庁《きしょうちょう》で発表《はっぴょう》している。

活《かつ》やくする人《ひと》

（予報官《よほうかん》）

民間《みんかん》の気象会社《きしょうがいしゃ》

ニーズに応《おう》じて、きめこまやかなわかりやすい気象情報《きしょうじょうほう》サービスを提供《ていきょう》する。

活《かつ》やくする人《ひと》

（気象予報士《きしょうよほうし》）

8 気象予報士《きしょうよほうし》になるには？

知《し》りたい テレビなどで気象予報士《きしょうよほうし》とよばれる人《ひと》たちが活《かつ》やくしています。気象予報士《きしょうよほうし》はどのような仕事《しごと》をする人《ひと》なのでしょうか。また、どうしたら気象予報士《きしょうよほうし》になれるのでしょうか？

気象予報士《きしょうよほうし》はおもに民間《みんかん》の気象会社《きしょうがいしゃ》で活《かつ》やくしているんだ。

気象予報士《きしょうよほうし》の仕事《しごと》

気象予報士《きしょうよほうし》は、おもに民間《みんかん》の気象会社《きしょうがいしゃ》ではたらいています。気象庁《きしょうちょう》からさまざまなデータを受《う》け取《と》って、それをもとに独自《どくじ》の天気予報《てんきよほう》をおこないます。会社《かいしゃ》やお店《みせ》、自治体《じちたい》などがそれぞれ求《もと》めている天気《てんき》の情報《じょうほう》を提供《ていきょう》します。

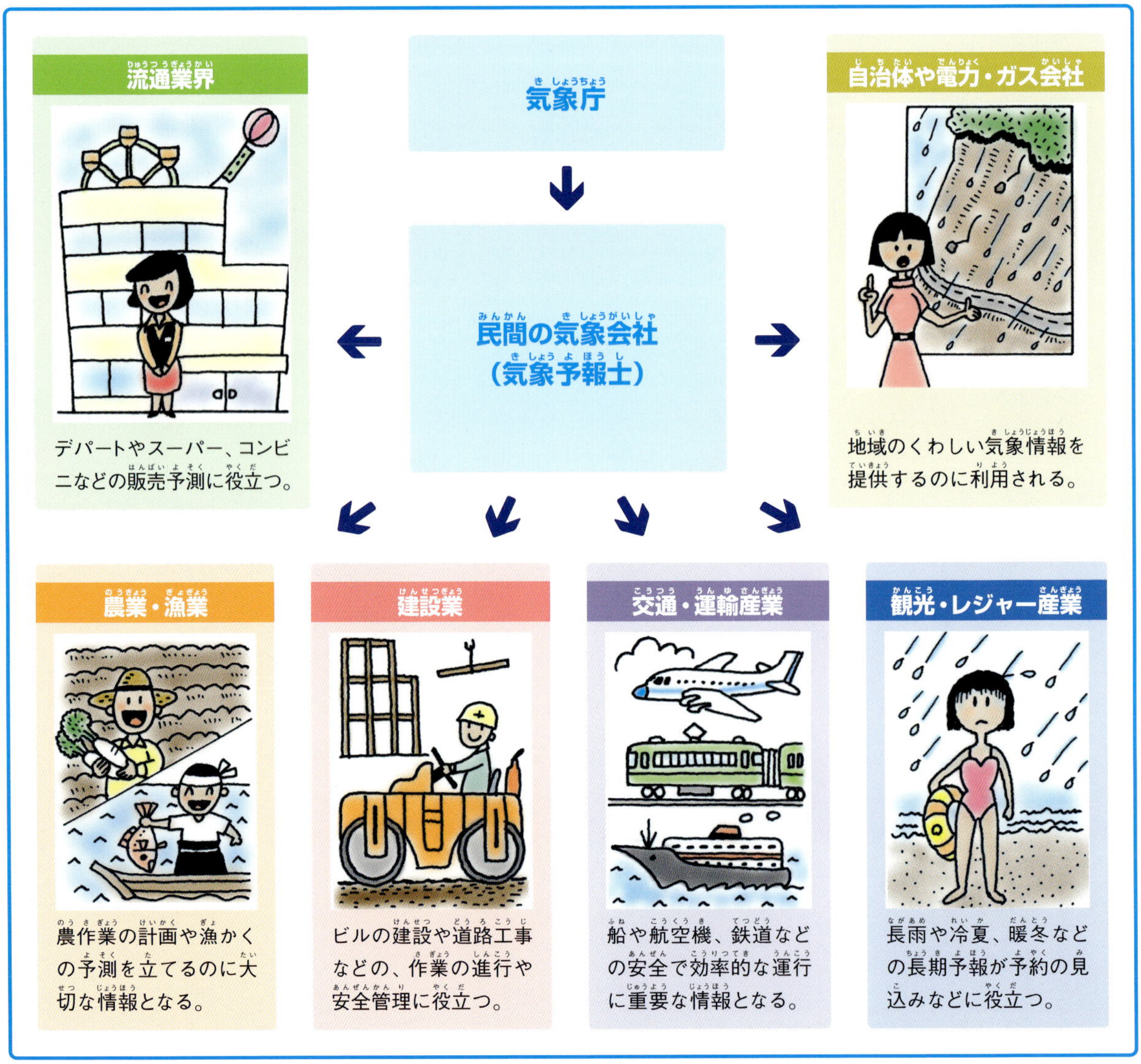
気象庁《きしょうちょう》
民間《みんかん》の気象会社《きしょうがいしゃ》
(気象予報士《きしょうよほうし》)
流通業界《りゅうつうぎょうかい》
デパートやスーパー、コンビニなどの販売予測《はんばいよそく》に役立《やくだ》つ。
自治体《じちたい》や電力《でんりょく》・ガス会社《かいしゃ》
地域《ちいき》のくわしい気象情報《きしょうじょうほう》を提供《ていきょう》するのに利用《りよう》される。
農業《のうぎょう》・漁業《ぎょぎょう》
農作業《のうさぎょう》の計画《けいかく》や漁《ぎょ》かくの予測《よそく》を立《た》てるのに大《たい》切《せつ》な情報《じょうほう》となる。
建設業《けんせつぎょう》
ビルの建設《けんせつ》や道路工事《どうろこうじ》などの、作業《さぎょう》の進行《しんこう》や安全管理《あんぜんかんり》に役立《やくだ》つ。
交通《こうつう》・運輸産業《うんゆさんぎょう》
船《ふね》や航空機《こうくうき》、鉄道《てつどう》などの安全《あんぜん》で効率的《こうりつてき》な運行《うんこう》に重要《じゅうよう》な情報《じょうほう》となる。
観光《かんこう》・レジャー産業《さんぎょう》
長雨《ながあめ》や冷夏《れいか》、暖冬《だんとう》などの長期予報《ちょうきよほう》が予約《よやく》の見《み》込《こ》みなどに役立《やくだ》つ。

気象予報士《きしょうよほうし》になるための試験《しけん》

気象予報士《きしょうよほうし》の資格《しかく》は、国家資格《こっかしかく》です。気象庁《きしょうちょう》から出《だ》される気象情報《きしょうじょうほう》を正《ただ》しく理解《りかい》し利用《りよう》できる技術者《ぎじゅつしゃ》として、民間《みんかん》の気象会社《きしょうがいしゃ》や自治体《じちたい》などで気象予報《きしょうよほう》を出《だ》すことが認《みと》められています。試験《しけん》は年度《ねんど》に2回実施《かいじっし》されています。毎回約《まいかいやく》5,000人《にん》が受験《じゅけん》し、200～300人《にん》ほどが合格《ごうかく》しています。年齢制限《ねんれいせいげん》がなく、小中学生《しょうちゅうがくせい》でも受験《じゅけん》できますが、問題《もんだい》が難《むずか》しいために何回《なんかい》も受験《じゅけん》をしている人《ひと》もいます。現在《げんざい》、約《やく》6,000名《めい》が気象予報士《きしょうよほうし》として気象庁長官《きしょうちょうちょうかん》の登録《とうろく》を受《う》けています。

試験《しけん》の内容《ないよう》

試験《しけん》は学科試験《がっかしけん》と実技試験《じつぎしけん》に分《わ》かれます。学科試験《がっかしけん》は、予報業務《よほうぎょうむ》に関《かん》する一般知識《いっぱんちしき》、予報業《よほうぎょう》務《む》に関《かん》する専門知識《せんもんちしき》があり、選択肢《せんたくし》から答《こた》えを選《えら》んで解答《かいとう》します。実技試験《じつぎしけん》は、文章《ぶんしょう》や図表《ずひょう》を記述《きじゅつ》して解答《かいとう》します。

試験科目《しけんかもく》の例《れい》

学科試験《がっかしけん》

予報業務《よほうぎょうむ》に関《かん》する一般知識《いっぱんちしき》

- 大気《たいき》の構造《こうぞう》
- 大気《たいき》の熱力学《ねつりきがく》
- 降水過程《こうすいかてい》
- 大気《たいき》における放射《ほうしゃ》
- 大気《たいき》の力学《りきがく》
- 気象現象《きしょうげんしょう》
- 気候《きこう》の変動《へんどう》
- 気象業務法《きしょうぎょうむほう》その他《た》の気象業務《きしょうぎょうむ》に関《かん》する法規《ほうき》

予報業務《よほうぎょうむ》に関《かん》する専門知識《せんもんちしき》

- 観測《かんそく》の成果《せいか》の利用《りよう》
- 数値予報《すうちよほう》
- 短期予報《たんきよほう》・中期予報《ちゅうきよほう》
- 長期予報《ちょうきよほう》
- 局地予報《きょくちよほう》
- 短時間予報《たんじかんよほう》
- 気象災害《きしょうさいがい》
- 予想《よそう》の精度《せいど》の評価《ひょうか》
- 気象《きしょう》の予想《よそう》の応用《おうよう》

実技試験《じつぎしけん》

- 気象概況及《きしょうがいきょうおよ》びその変動《へんどう》の把握《はあく》
- 局地的《きょくちてき》な気象《きしょう》の予想《よそう》
- 台風等緊急時《たいふうなどきんきゅうじ》における対応《たいおう》

科目《かもく》だけ見《み》ると、どんな内容《ないよう》かわからないね。

高校生《こうこうせい》で学《まな》ぶ物理《ぶつり》や数学《すうがく》の知識《ちしき》が必要《ひつよう》なんだよ。

気象観測《きしょうかんそく》の内容《ないよう》や予報技術《よほうぎじゅつ》は日々進歩《ひびしんぽ》しているから、資格《しかく》を取《と》ったあとも勉強《べんきょう》していかなくてはならないんだよ。

試験《しけん》を受《う》けるには

まずは、試験《しけん》の案内書《あんないしょ》を手《て》に入《い》れましょう。下《した》の問《と》い合《あ》わせ先《さき》にある、①ホームページを利用《りよう》する、②郵送《ゆうそう》で入手《にゅうしゅ》する、③直接窓口《ちょくせつまどぐち》に行《い》って入手《にゅうしゅ》する方法《ほうほう》があります。

問《と》い合《あ》わせ先《さき》

財団法人《ざいだんほうじん》　気象業務支援《きしょうぎょうむしえん》センター
〒101-0054
東京都千代田区神田錦町《とうきょうとちよだくかんだにしきちょう》3-17東《とう》ネンビル
ホームページ：http://www.jmbsc.or.jp

(気象予報士試験《きしょうよほうししけん》について)
試験部《しけんぶ》　電話《でんわ》：03-5281-3664
FAX：03-5281-0448
E-mail：siken@jmbsc.or.jp

天《てん》気《き》の博《はく》物《ぶつ》館《かん》・資《し》料《りょう》館《かん》

天気《てんき》のしくみを展示《てんじ》や体験《たいけん》を通《とお》して楽《たの》しく学《まな》べる博物館《はくぶつかん》・資料館《しりょうかん》を紹介《しょうかい》します。

気象科学館《きしょうかがくかん》

気象庁本庁《きしょうちょうほんちょう》にある気象《きしょう》についての科学館《かがくかん》。気象《きしょう》観測《かんそく》や自然災害《しぜんさいがい》、地球温暖化《ちきゅうおんだんか》などを学《まな》べる。

利用案内（りょうあんない）

住 東京都千代田区大手町《とうきょうとちよだくおおてまち》1-3-4　気象庁《きしょうちょう》1階《かい》
電 03-3212-8341（代表《だいひょう》）
HP http://www.jma.go.jp/jma/kishou/intro/kagakukan.html
開 10時《じ》～16時《じ》
休 毎週日曜日《まいしゅうにちようび》、祝日《しゅくじつ》（祝日《しゅくじつ》が土曜日《どようび》の場合《ばあい》は開館《かいかん》）、年末年始《ねんまつねんし》
※土曜日《どようび》には気象予報士《きしょうよほうし》による展示《てんじ》の説明《せつめい》が聞《き》ける。

気象科学館《きしょうかがくかん》のある気象庁《きしょうちょう》の1階《かい》には、ほかにも次《つぎ》のような施設《しせつ》があります。

●総合閲覧窓口《そうごうえつらんまどぐち》

全国《ぜんこく》の気象台《きしょうだい》や測候所《そっこうじょ》、アメダスなどの過去《かこ》の気象《きしょう》データや統計資料《とうけいしりょう》を見《み》ることができる。

利用案内（りょうあんない）

利 9時《じ》30分《ぷん》～17時《じ》
休 土《ど》・日曜日《にちようび》、祝日《しゅくじつ》、年末年始《ねんまつねんし》（12月《がつ》29日《にち》～1月《がつ》3日《か》）
※各地《かくち》の気象台《きしょうだい》でも気象《きしょう》データ、統計資料《とうけいしりょう》を見《み》ることができる。

●天気相談所《てんきそうだんじょ》

天気《てんき》のことや気象《きしょう》・予報《よほう》の用語《ようご》などについて、電話《でんわ》でたずねることができる。

利用案内（りょうあんない）

電 03-3214-0218　相 9時《じ》～17時《じ》
※天気相談所《てんきそうだんじょ》は札幌《さっぽろ》、仙台《せんだい》、大阪《おおさか》、福岡《ふくおか》の各管区《かくかんく》気象台《きしょうだい》、沖《おき》縄《なわ》気象台《きしょうだい》にも設置《せっち》されている。

●気象庁図書館《きしょうちょうとしょかん》

気象業務《きしょうぎょうむ》に関《かか》わる気象《きしょう》・海洋《かいよう》・地震《じしん》についての図書《としょ》・資料《しりょう》を見《み》ることができる。

利用案内（りょうあんない）

電 03-3212-8341（代表《だいひょう》）
開 9時《じ》30分《ぷん》～11時《じ》45分《ふん》、13時《じ》～17時《じ》
休 土《ど》・日曜日《にちようび》、祝日《しゅくじつ》、毎月1日《まいつきついたち》（1日《ついたち》が土《ど》・日《にち》・祝日《しゅくじつ》などの場合《ばあい》は翌平日《よくへいじつ》）、年末年始《ねんまつねんし》（12月《がつ》29日《にち》～1月《がつ》4日《か》）
※18歳以上《さいいじょう》の人《ひと》しか利用《りよう》できないので、大人《おとな》の人《ひと》に調《しら》べに行《い》ってもらおう。

北海道立《ほっかいどうりつ》オホーツク流氷科学《りゅうひょうかがく》センター

流氷《りゅうひょう》とオホーツク海《かい》の体験型展示《たいけんがたてんじ》をおこなう。「厳寒体験室《げんかんたいけんしつ》」では流氷《りゅうひょう》をさわることができる。

利用案内（りょうあんない）

住 北海道紋別市元紋別《ほっかいどうもんべつしもともんべつ》11-6
電 0158-23-5400　HP http://giza-ryuhyo.com
開 9時《じ》～17時《じ》（入館《にゅうかん》は16時《じ》30分《ぷん》まで）
休 毎週月曜日《まいしゅうげつようび》（祝日《しゅくじつ》の場合《ばあい》を除《のぞ》く）、祝日《しゅくじつ》の翌日《よくじつ》、年末年始《ねんまつねんし》（12月《がつ》29日《にち》～1月《がつ》3日《か》）

中谷宇吉郎《なかやうきちろう》 雪《ゆき》の科学館《かがくかん》

人工雪結《じんこうゆきけっ》しょうをつくることに成功《せいこう》した中谷宇吉郎《なかやうきちろう》の業績《ぎょうせき》を紹介《しょうかい》。雪《ゆき》や氷《こおり》の実験《じっけん》も楽《たの》しめる。

利用案内（りょうあんない）

住 石川県加賀市潮津町《いしかわけんかがしうしおづまち》イ106
電 0761-75-3323
HP http://www.city.kaga.ishikawa.jp/yuki
開 9時《じ》～17時《じ》（入館《にゅうかん》は16時《じ》30分《ぷん》まで）
休 毎週水曜日《まいしゅうすいようび》（祝日《しゅくじつ》の場合《ばあい》を除《のぞ》く）

広島市江波山気象館《ひろしましえばやまきしょうかん》

気象予報《きしょうよほう》の現場《げんば》や気象観測《きしょうかんそく》に使《つか》う機器《きき》を見《み》れたり、人工《じんこう》でつくる雲《くも》や突風《とっぷう》などを体験《たいけん》できる。

利用案内（りょうあんない）

住 広島県広島市中区江波南《ひろしまけんひろしましなかくえばみなみ》1-40-1
電 082-231-0177　HP http://www.ebayama.jp
開 9時《じ》～17時《じ》（入館《にゅうかん》は16時《じ》30分《ぷん》まで）
休 毎週月曜日《まいしゅうげつようび》（祝日《しゅくじつ》の場合《ばあい》を除《のぞ》く）、祝日《しゅくじつ》の翌日《よくじつ》、年末年始《ねんまつねんし》

福岡県青少年科学館《ふくおかけんせいしょうねんかがくかん》

地球《ちきゅう》をテーマにした体験型《たいけんがた》の総合的科学館《そうごうてきかがくかん》。衛星画像《えいせいがぞう》などの気象《きしょう》データも見《み》ることができる。

利用案内（りょうあんない）

住 福岡県久留米市東櫛原町《ふくおかけんくるめしひがしくしはらちょう》1713
電 0942-37-5566　HP http://www.science.pref.fukuoka.jp
開 平日《へいじつ》9時《じ》30分《ぷん》～16時《じ》30分《ぷん》（入館《にゅうかん》は16時《じ》まで）、土《ど》・日《にち》・祝《しゅく》9時《じ》30分《ぷん》～17時《じ》（入館《にゅうかん》は16時《じ》30分《ふん》まで）
休 毎週月曜日《まいしゅうげつようび》（祝日《しゅくじつ》の場合《ばあい》を除《のぞ》く）、祝日《しゅくじつ》の翌日《よくじつ》、毎月最終火曜日《まいつきさいしゅうかようび》（3・7・8月《がつ》は開館《かいかん》）、年末年始《ねんまつねんし》（12月《がつ》28日《にち》～1月《がつ》2日《ふつか》）

住 住所《じゅうしょ》　電 電話番号《でんわばんごう》　HP ホームページ　開 開館時間《かいかんじかん》　休 休館日《きゅうかんび》　利 利用時間《りようじかん》　相 相談時間《そうだんじかん》　※この掲載内容《けいさいないよう》は平成《へいせい》19年《ねん》5月《がつ》現在《げんざい》のものです。

第《だい》7章《しょう》 インターネットを活用《かつよう》しよう

インターネットで調《しら》べると、いろいろな場所《ばしょ》のいまの天気《てんき》がわかるのね。

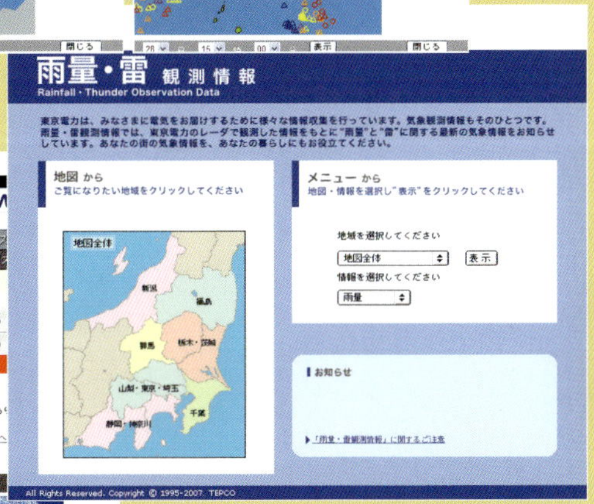

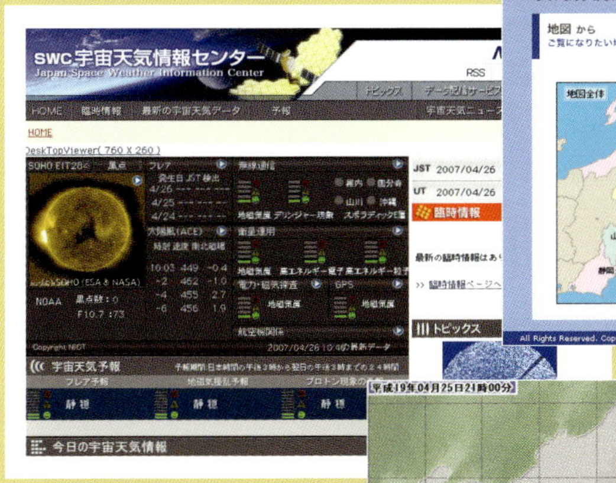

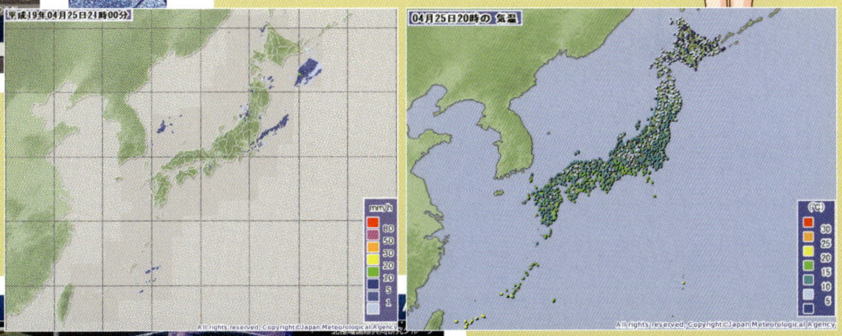

宇宙《うちゅう》の天気《てんき》やオーロラの様《よう》子《す》もわかるよ。すごいね！

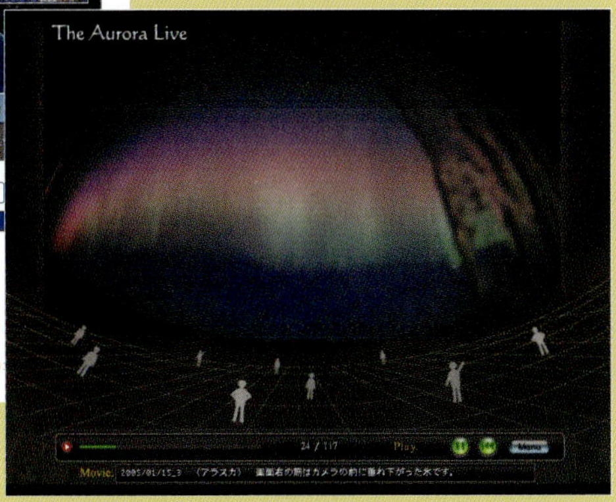

1 気象庁《きしょうちょう》のホームページを利用《りよう》しよう

活用《かつよう》しよう 気象庁《きしょうちょう》のホームページには、天気《てんき》についてのさまざまな情報《じょうほう》がのっています。知《し》りたいことや学《まな》びたいことを調《しら》べてみましょう。

気象《きしょう》のさまざまな情報《じょうほう》を調《しら》べよう

ホームページ

気象庁《きしょうちょう》

http://www.jma.go.jp/jma/index.html

気象庁《きしょうちょう》のホームページは「防災気象情報《ぼうさいきしょうじょうほう》」「気象統計情報《きしょうとうけいじょうほう》」「気象等《きしょうとう》の知識《ちしき》」の3つの大《おお》きな項目《こうもく》に分《わ》けられていて、天気予報《てんきよほう》、過去《かこ》の天気《てんき》のデータ、気象《きしょう》に関《かん》する用語解説《ようごかいせつ》を見《み》ることができます。

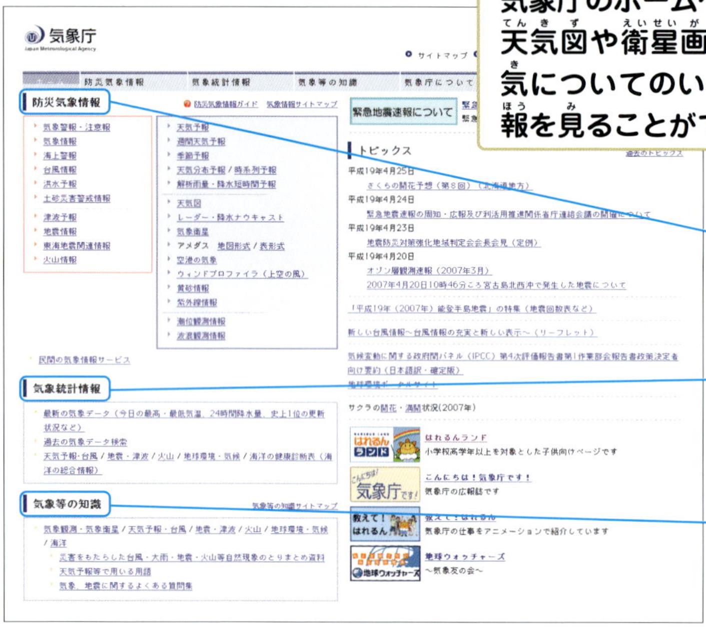

気象庁《きしょうちょう》のホームページでは、天気図《てんきず》や衛星画像《えいせいがぞう》など、天《てん》気《き》についてのいろいろな情《じょう》報《ほう》を見《み》ることができるんだ。

防災気象情報《ぼうさいきしょうじょうほう》

現在《げんざい》の天気《てんき》などの情報《じょうほう》を見《み》ることができます。

気象統計情報《きしょうとうけいじょうほう》

過去《かこ》のさまざまな記録《きろく》を知《し》ることができます。

気象等《きしょうとう》の知識《ちしき》

気象《きしょう》などに関《かん》する知識《ちしき》を得《え》ることができます。

はれるんランド

気象庁《きしょうちょう》による小学生《しょうがくせい》向《む》けのページ。イラストが動《うご》いたり音声《おんせい》による解説《かいせつ》があって、天気《てんき》について楽《たの》しく学《まな》ぶことができます。

防災気象情報《ぼうさいきしょうじょうほう》

天気予報《てんきよほう》はもちろん、台風《たいふう》や津波《つなみ》、地震《じしん》の最新情報《さいしんじょうほう》など、気象《きしょう》に関《かん》するさまざまな情報《じょうほう》がわかります。

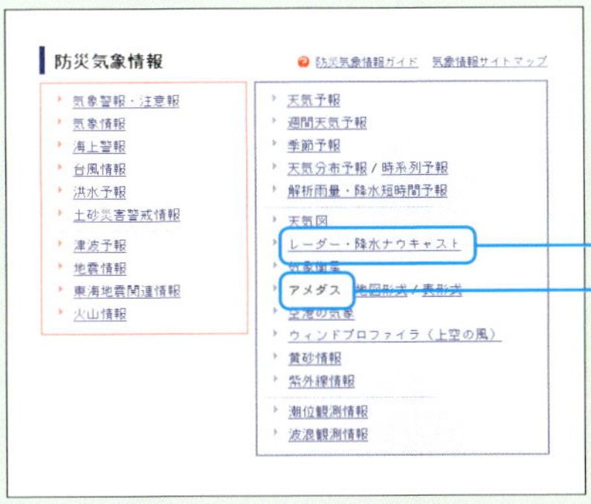

レーダー・降水《こうすい》ナウキャスト

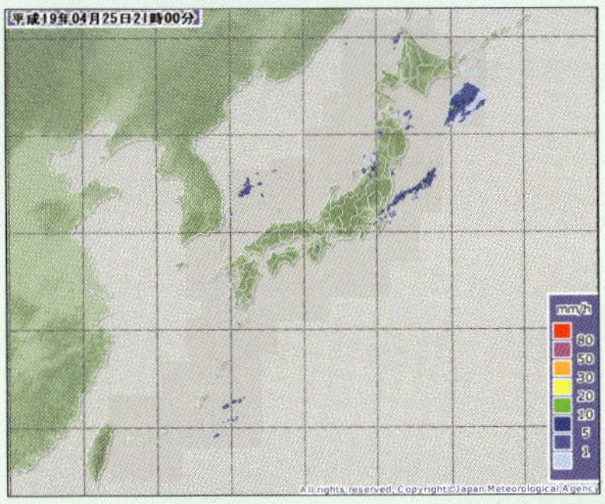

現在《げんざい》の各地《かくち》の雨量《うりょう》をくわしく知《し》ることができるだけでなく、1時間後《じかんご》までの10分《ぷん》ごとの雨量《うりょう》の予想《よそう》もあります。

アメダス

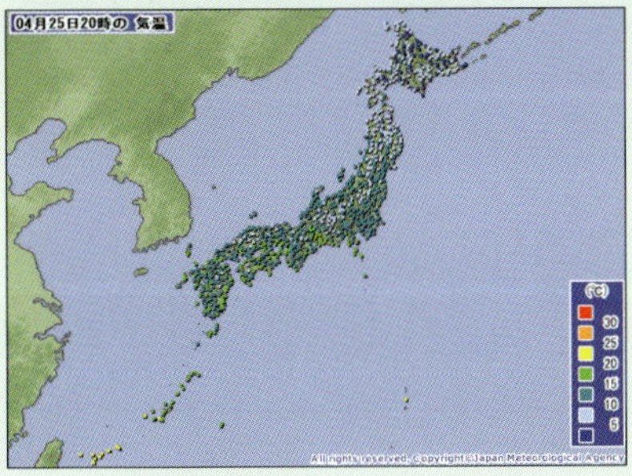

各地《かくち》の昨日《きのう》からの気温《きおん》・降水量《こうすいりょう》・風向風速《ふうこうふうそく》・日照時間《にっしょうじかん》など、1時間《じかん》ごとの観測記録《かんそくきろく》を見《み》ることができます。

気象統計情報《きしょうとうけいじょうほう》

過去《かこ》の気象《きしょう》に関《かん》するさまざまなデータや資料《しりょう》があります。

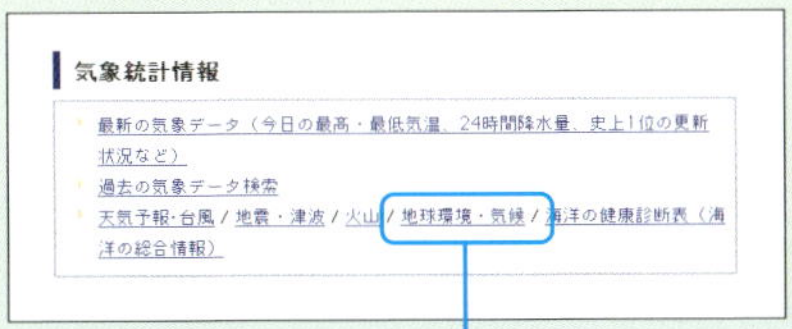

地球環境《ちきゅうかんきょう》の診断《しんだん》（大気《たいき》の総合情報《そうごうじょうほう》）

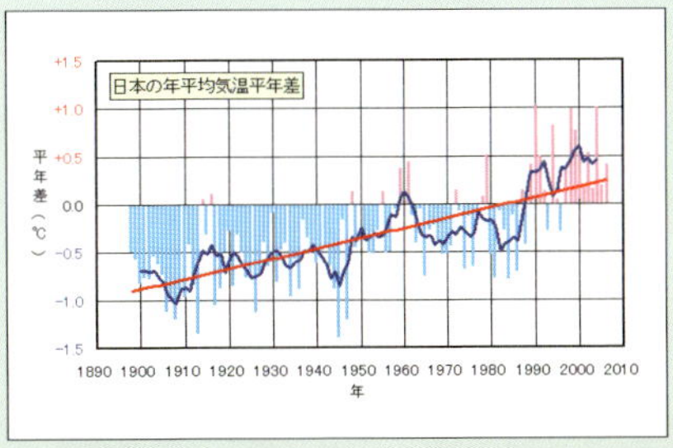

1990年代以《ねんだいい》降《こう》の気温《きおん》がより高《たか》くなっていることがわかる。

「地球環境《ちきゅうかんきょう》・気候《きこう》」には「地球環境《ちきゅうかんきょう》の診断《しんだん》」という項目《こうもく》があり、地球温暖化《ちきゅうおんだんか》など地球上《ちきゅうじょう》で起《お》こっている気候《きこう》の変化《へんか》を知《し》ることができます。

気象等《きしょうとう》の知識《ちしき》

予報用語《よほうようご》の説明《せつめい》や、学習用《がくしゅうよう》の資料《しりょう》がたくさんあり、気象《きしょう》を学《まな》ぶのに利用《りよう》できます。

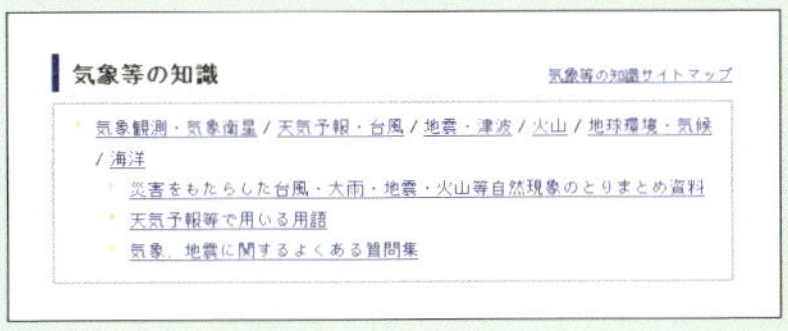

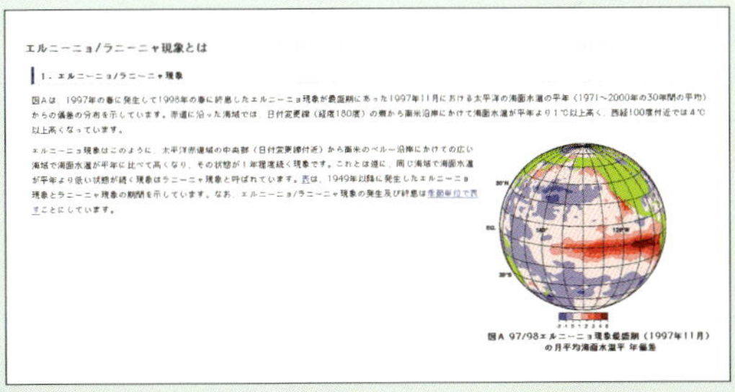

気象《きしょう》レーダーによる観測《かんそく》のしかた、地震《じしん》や火山《かざん》のメカニズム、エルニーニョ現象《げんしょう》やオゾン層《そう》とは何《なに》かといったことを、図《ず》や表《ひょう》をまじえて解説《かいせつ》しています。

2 災害《さいがい》や落雷《らくらい》などの情報《じょうほう》

活用《かつよう》しよう 災害《さいがい》や落雷《らくらい》などの最新《さいしん》の情報《じょうほう》をのせているホームページがあります。もしものときに備《そな》えて、見《み》ておくとよいでしょう。

災害《さいがい》についてのホームページ

ホームページ

内閣府防災情報《ないかくふぼうさいじょうほう》

http://www.bousai.go.jp/

内閣府《ないかくふ》の防災情報《ぼうさいじょうほう》のホームページには、日本《にほん》や世界《せかい》におけるさまざまな災害《さいがい》についての情報《じょうほう》があります。特《とく》に大《おお》きな災害《さいがい》が起《お》きたときには、最新《さいしん》の正確《せいかく》な情報《じょうほう》を得《え》ることができます。また、防災《ぼうさい》についての資料《しりょう》がたくさんあります。

災害緊急情報《さいがいきんきゅうじょうほう》

大雨《おおあめ》、台風《たいふう》、地震《じしん》などの大《おお》きな災害《さいがい》についての速報《そくほう》を発表《はっぴょう》しています。1つの災害《さいがい》について、情報《じょうほう》を新《あたら》しくした報告《ほうこく》が何回《なんかい》か出《だ》されます。

災害被害《さいがいひがい》を軽減《けいげん》する国民運動《こくみんうんどう》

地震《じしん》、津波《つなみ》、台風《たいふう》などの自然災害《しぜんさいがい》に対《たい》する、ふだんからの取《と》り組《く》みかたを紹介《しょうかい》するページです。

内閣府
防災情報のページ
災害緊急情報
災害予防

内閣府
災害被害を軽減する国民運動のページ
災害被害を軽減する国民運動とは?

ここで見《み》られるページは博物館《はくぶつかん》や資料館《しりょうかん》みたいで、災害《さいがい》のこわさや対処法《たいしょほう》などを、ぼくたちでもわかりやすく学《まな》ぶことができるよ。

地震対策《じしんたいさく》

起《お》こる可能性《かのうせい》が高《たか》いといわれる東海地震《とうかいじしん》、東南海《とうなんかい》・南海地震《なんかいじしん》などへの対策《たいさく》を公表《こうひょう》しています。

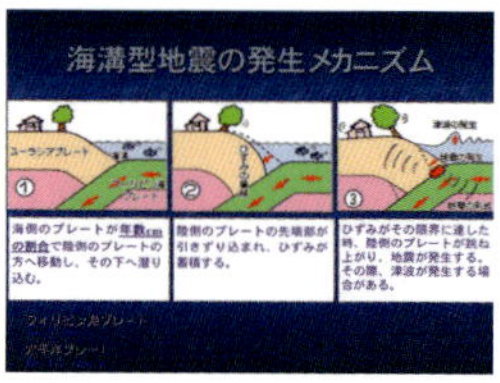
海溝型地震の発生メカニズム

過去《かこ》に起《お》こった地震《じしん》のしくみもわかる。

落雷《らくらい》についてのホームページ

落雷《らくらい》の情報《じょうほう》は、各地《かくち》の電力会社《でんりょくがいしゃ》が出《だ》しています。現在《げんざい》や過去《かこ》の落雷《らくらい》がわかり、落雷《らくらい》の動《うご》きからこれからの落雷《らくらい》の予測《よそく》もできます。東京電力《とうきょうでんりょく》では「雨量《うりょう》・雷観測情報《かみなりかんそくじょうほう》」を提供《ていきょう》していて、東京《とうきょう》・埼玉《さいたま》・山梨《やまなし》、神奈川《かながわ》・静岡《しずおか》、千葉《ちば》、茨城《いばらき》・栃木《とちぎ》、群馬《ぐんま》、新潟《にいがた》、福島《ふくしま》の地域情報《ちいきじょうほう》を見《み》ることができます。雨量《うりょう》、雷雲《らいうん》、落雷《らくらい》の状《じょう》きょうが、数分単位《すうふんたんい》で書《か》きかえられています。

ホームページ

東京電力《とうきょうでんりょく》「雨量《うりょう》・雷観測情報《かみなりかんそくじょうほう》」

http://thunder.tepco.co.jp/

雷《かみなり》が気《き》になったら見《み》てみよう。雷《かみなり》が増《ふ》えたり減《へ》ったり、動《うご》いていく様子《ようす》がよくわかるよ。

雨量情報《うりょうじょうほう》

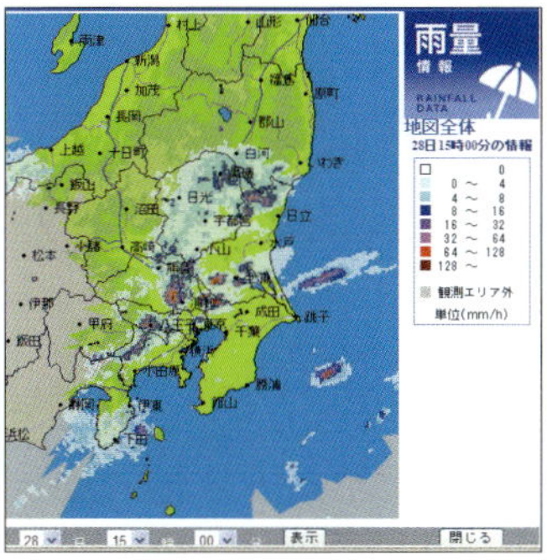

程度《ていど》によって色分《いろわ》けされた印《しるし》が、各地《かくち》の雨量《うりょう》を示《しめ》しています。

雷雲情報《らいうんじょうほう》

弱《よわ》い雷《かみなり》を起《お》こす雲《くも》と強《つよ》い雷《かみなり》をもたらす雲《くも》を色分《いろわ》けして示《しめ》しています。

落雷情報《らくらいじょうほう》

雷《かみなり》を、雲《くも》の中《なか》や空《そら》を走《はし》る雷《かみなり》と地面《じめん》に落《お》ちる雷《かみなり》に分《わ》け、さらに起《お》きた時間《じかん》によって色分《いろわ》けしています。

東北電力《とうほくでんりょく》「落雷情報《らくらいじょうほう》」http://www.tohoku-epco.co.jp/weather/index.html　北陸電力《ほくりくでんりょく》「雷情報《かみなりじょうほう》」http://www.rikuden.co.jp/kaminari/
中部電力《ちゅうぶでんりょく》「雷情報《かみなりじょうほう》」http://www.chuden.co.jp/kisyo/index.html　九州電力《きゅうしゅうでんりょく》「落雷情報《らくらいじょうほう》」http://www1.kyuden.co.jp/kaminari/index.html

3 ライブカメラで各地《かくち》の空《そら》がわかる

活用《かつよう》しよう インターネットを使《つか》うと、パソコンの画面《がめん》で各地《かくち》の今《いま》の空《そら》の様子《ようす》を見《み》ることができます。天気図《てんきず》を見《み》ながら、いろいろな地域《ちいき》の天気《てんき》がどのように変《へん》化《か》するのかを見《み》てみるとおもしろいですよ。

各地《かくち》の空《そら》をライブカメラで見《み》よう

ホームページ

ウェザーニュース「お天気《てんき》カメラ」

http://weathernews.jp/livecam/

全国《ぜんこく》のさまざまな場所《ばしょ》の、空《そら》の様子《ようす》と気温《きおん》・降水量《こうすいりょう》・風速《ふうそく》・風向《ふうこう》のデータが見《み》られます。

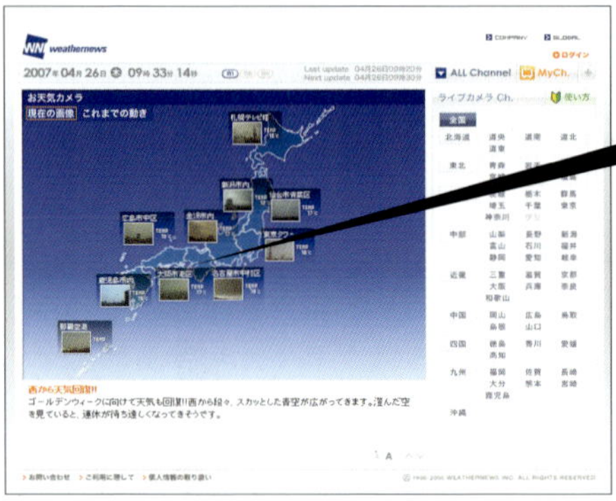

雲《くも》が流《なが》れていく様子《ようす》や日《ひ》が暮《く》れていく様子《ようす》など、空《そら》の動《うご》きを動《どう》画《が》で見《み》ることができます。

雲《くも》の動《うご》きまで、はっきり見《み》えるよ!

ホームページ

ライブドア「全国《ぜんこく》のライブカメラ」

http://weather.livedoor.com/livecamera/

（財）日本気象協会提供

各地《かくち》の現在《げんざい》と過去《かこ》の空《そら》、そしてアメダスのデータが見《み》られます。

野球場《やきゅうじょう》やサッカー場《じょう》、キャンプ場《じょう》の天《てん》気予報《きよほう》もわかるよ!

静止画《せいしが》で、数十分《すうじゅっぷん》ごとの空《そら》の様子《ようす》を観察《かんさつ》することができます。

(C) livedoor 天気情報

4 宇宙天気情報《うちゅうてんきじょうほう》とオーロラ

活用《かつよう》しよう 空《そら》のもっと上《うえ》にある宇宙《うちゅう》にも天気《てんき》があります。また、太陽《たいよう》からの風《かぜ》によって起《お》こるオーロラを、インターネットで見《み》ることができます。

インターネットで宇宙《うちゅう》の天気情報《てんきじょうほう》やオーロラを見《み》よう

ホームページ

「SWC《エスダブリューシー》宇宙天気情報《うちゅうてんきじょうほう》センター」（独立行政法人《どくりつぎょうせいほうじん》 情報通信研究機構《じょうほうつうしんけんきゅうきこう》）

http://swc.nict.go.jp/contents/

太陽表面《たいようひょうめん》の観測《かんそく》と地球《ちきゅう》の周囲《しゅうい》をまわる人工衛星《じんこうえいせい》からのデータによって、宇宙天気情報《うちゅうてんきじょうほう》が発表《はっぴょう》されています。

●黒点《こくてん》

まわりより温度《おんど》が低《ひく》いために太陽《たいよう》表面《ひょうめん》に見《み》られる「黒点《こくてん》」の状《じょう》きょうがわかります。

●フレア

太陽《たいよう》の大気中《たいきちゅう》で起《お》こる大《おお》きな爆発《ばくはつ》「フレア」の状《じょう》きょうが見《み》られます。

●太陽風《たいようふう》

太陽《たいよう》から吹《ふ》き出《で》る風《かぜ》「太陽風《たいようふう》」の状《じょう》きょうを知《し》ることができます。

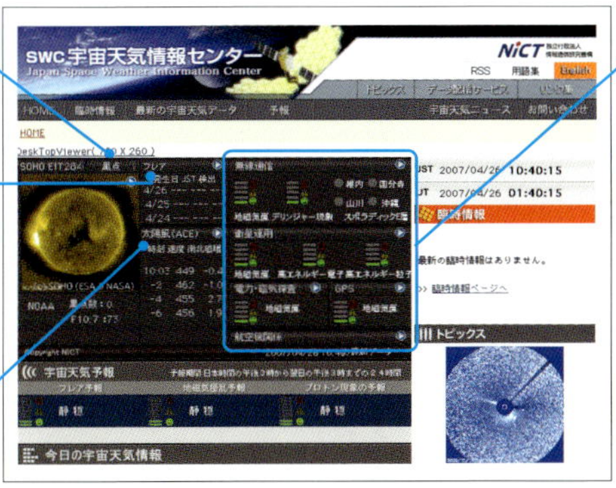

●無線通信《むせんつうしん》などへの影響《えいきょう》

黒点《こくてん》、フレア、太陽風《たいようふう》がおよぼす無線通信《むせんつうしん》や衛星《えいせい》などへの影響《えいきょう》を3段階《だんかい》で示《しめ》しています。

太陽《たいよう》からは太陽風《たいようふう》という風《かぜ》が出《で》ていて、電波《でんぱ》通信《つうしん》や衛星通信《えいせいつうしん》に影響《えいきょう》を与《あた》えるよ。オーロラも太陽風《たいようふう》によって見《み》えかたが変《か》わるんだ！

ホームページ

「The Aurora Live」（独立行政法人《どくりつぎょうせいほうじん》 情報通信研究機構《じょうほうつうしんけんきゅうきこう》）

http://salmon.nict.go.jp/awc/contents/

美《うつく》しいオーロラをインターネットでリアルタイムに見《み》ることができます。

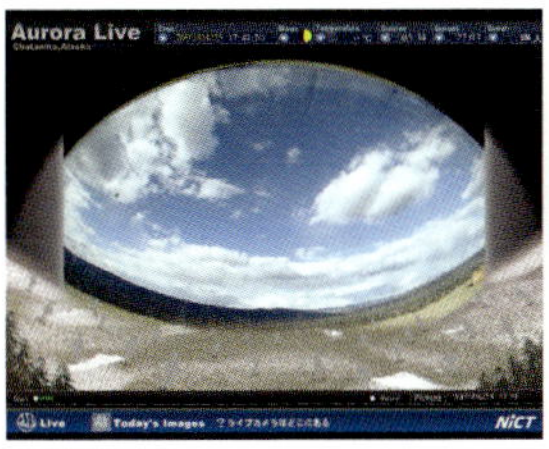

アラスカにあるオーロラ観測用《かんそくよう》ライブカメラの画像《がぞう》を見《み》ることができます。美《うつく》しいオーロラをリアルタイムで見《み》たいなら、ひんぱんにチェックしておくとよいでしょう。過去《かこ》にとったオーロラの画像集《がぞうしゅう》もあります。

さくいん

初雪《はつゆき》 98
花《はな》ぐもり 98
花《はな》冷《び》え 98
春一番《はるいちばん》 98
春雨《はるさめ》 98

ひ

日暈《ひがさ》 35
光《ひかり》の波長《はちょう》 83,89
飛行機雲《ひこうきぐも》 18,19
ひつじ雲《ぐも》 13,15
ひょう 36,37
氷点下《ひょうてんか》 47
表面張力《ひょうめんちょうりょく》 27
広島市江波山気象館《ひろしましえばやまきしょうかん》 116

ふ

風向《ふうこう》 54,55,100,105,112,113
風向風速計《ふうこうふうそくけい》 54,113
風速《ふうそく》 54,112,113
風《ふう》もん 60
風力《ふうりょく》 54,55,100,101,105
副虹《ふくにじ》 34
プルーム 12,13
フレア 123
ブロッケン現象《げんしょう》 23
福岡県青少年科学館《ふくおかけんせいしょうねんかがくかん》 116

へ

閉《へい》そく前線《ぜんせん》 101
ベール雲《うん》 19
ベナール対流《たいりゅう》 13
偏西風《へんせいふう》 61,62,63,102

ほ

放射温度計《ほうしゃおんどけい》 76,77
放射状雲《ほうしゃじょううん》 19
棒状温度計《ぼうじょうおんどけい》 66
飽和水蒸気量《ほうわすいじょうきりょう》 68,73
北緯《ほくい》 105
北海道立《ほっかいどうりつ》オホーツク
流氷科学《りゅうひょうかがく》センター 116

ま

まだら雲《ぐも》 15

み

みぞれ 36,37

む

むら雲《くも》 15

も

もつれ雲《ぐも》 19

ゆ

夕立《ゆうだち》 98
夕日《ゆうひ》 84,85,86,87
夕焼《ゆうや》け 86,87
雪《ゆき》 36,37
雪《ゆき》の結《けっ》しょう 36,38,39,40,41,42,43

よ

予想天気図《よそうてんきず》 112
予報官《よほうかん》 112,113

ら

雷光《らいこう》 96
ライブカメラ 122
落雷《らくらい》 94,96,97,121
ラジオゾンデ 112
乱層雲《らんそううん》 14,15

り

流氷《りゅうひょう》 106

れ

レンズ雲《ぐも》 17,18

わ

わた雲《ぐも》 14,16

執筆・写真

武田康男（たけだ やすお）

1960年、東京生まれ。東北大学理学部地球物理学科卒業。高校教諭。小学生のときから「空の現象」に興味を持ち、さまざまな気象観測や写真撮影をおこなっている。
おもな著書に『楽しい気象観察図鑑』『空の色と光の図鑑（共著）』（草思社）、『青空を歩く本』（インデックス・コミュニケーションズ）、監修本に『空と天気のふしぎ』『天気の大常識』『天気と気象』（ポプラ社）、『明日の天気がわかる お天気ナビ観察じてん』（大泉書店）などがある。気象予報士。日本気象学会会員。日本自然科学写真協会会員。

ホームページ http://www.skies.jp/

協　力
- 気象庁
- （財）気象業務支援センター
- 内閣府
- 東京電力（株）
- （株）ウェザーニューズ
- （株）ライブドア
- （独）情報通信研究機構
- 北海道立オホーツク流氷科学センター
- 中谷宇吉郎 雪の科学館
- 広島市江波山気象館
- 福岡県青少年科学館
- （株）クライム
- 吉田覚
- 平松和彦

イラスト
- 宮下やすこ
- I.Lu.Ca（品川・藤原・池田）

本文デザイン
- 中濱健治

編集・制作
- 有限会社ヴュー企画

天気の自由研究

著　者　武田康男
発行者　永岡修一
発行所　株式会社永岡書店
〒176-8518
東京都練馬区豊玉1-7-14
TEL　03-3992-5155（代表）
TEL　03-3992-7191（編集）
印　刷　横山印刷
製　本　ヤマナカ製本

ISBN978-4-522-42387-5　C8040